互联网+新编全功能实战型教材

U0723495

After Effects 实训教程

（含微课）

主　编◎郭剑岚　王超英　李　斌

副主编◎邹　溢　田瑞娟　闫付海

北京希望电子出版社
Beijing Hope Electronic Press
www.bhp.com.cn

内容简介

本书共 9 章，第一章讲述影视后期制作的基本知识，制作原理和工作流程。其余八章都以实例的形式全面介绍了 After Effects CS6 的基本功能，知识要点和使用方法，具体包括：关键帧动画、层与遮罩、滤镜、文字特效、跟踪与稳定、三维空间以及渲染输出等。同时还穿插介绍了在影视后期制作中大量的工作经验和实用技巧。读者通过"模拟制作任务""知识点拓展""独立实践任务""职业技能考核"等内容可以快速掌握 After Effects CS6 的使用。

本书适合作为高等院校和中等职业院校影视设计专业的教材。同时书中实例内容具有行业代表性，也是影视后期设计与制作方面较好的参考资料，可供从业人员参考。

图书在版编目（ＣＩＰ）数据

After Effects 实训教程 / 郭剑岚，王超英，李斌主编.-- 北京：北京希望电子出版社，2021.2（2023.8重印）
ISBN 978-7-83002-827-5

Ⅰ.①A⋯ Ⅱ.①郭⋯ ②王⋯ ③李⋯ Ⅲ.①图像处理软件－教材 Ⅳ.①TP391.413

中国版本图书馆 CIP 数据核字（2021）第 025790 号

出版：北京希望电子出版社

地址：北京市海淀区中关村大街 22 号

中科大厦 A 座 10 层

邮编：100190

网址：www.bhp.com.cn

电话：010-82626270

传真：010-62543892

封面：赵俊红

编辑：安　源

校对：李　萌

开本：787mm×1092mm　1/16

印张：12.5（双色印刷）

字数：285 千字

印刷：唐山唐文印刷有限公司

版次：2023 年 8 月 1 版 2 次印刷

定价：39.80 元

前　言

Adobe公司自创建以来，从参与发起桌面出版革命，到提供主流创意工具，以其革命性的产品和技术，不断变革和改善着人们思想及交流的方式。今天，无论是在报纸，杂志、广告中看到的，还是从电影、电视及其他数字设备中体验到的，几乎所有的作品制作背后均打着Adobe软件的烙印。

为了满足新形势下的教育需求，在Adobe技术专家、资深教师、一线设计师以及出版社策划人员的共同努力下，我们完成了新模式教材的开发工作。本书采用模块化编写方式，通过案例实训的讲解，帮助读者掌握就业岗位工作技能，提升动手能力，以提高就业竞争力。

本书分九个模块：

模块01　影视基础概述

模块02　易度传媒宣传片制作

模块03　制作跟踪整形效果

模块04　绿屏抠图

模块05　招商银行片头制作

模块06　制作河南形象宣传片

模块07　制作剪纸动画

模块08　跳动的旋律

模块09　光环旋转效果

该书特色鲜明，侧重于综合职业能力与职业素养的培养，融"教、学、做"为一体，适合应用型本科院校、职业院校和培训机构作为教材使用。本书还提供配套教学资料（含课件素材、视频），方便教师和学生使用。

本书由东莞职业技术学院的郭剑岚、王超英和李斌担任主编，由郑州财税金融职业学院的邹溢、河南测绘职业学院的田瑞娟和南阳职业学院的闫付海担任副主编。本书的相关资料和售后服务可扫封底的微信二维码或登录www.bjzzwh.com获得。

由于编者水平有限，书中难免有疏漏之处，恳请广大读者批评指正。

编 者

Contents 目录

模块 01 影视基础概述

模块 02 易度传媒宣传片制作

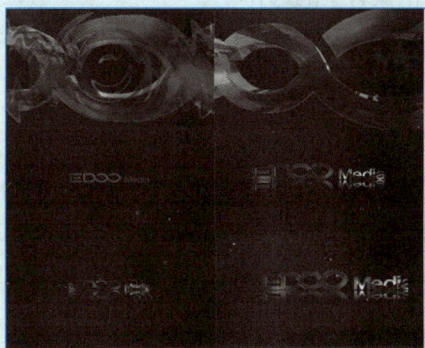

模块 03 制作跟踪整形效果

模块 04 绿屏抠图

模块 05 招商银行片头制作

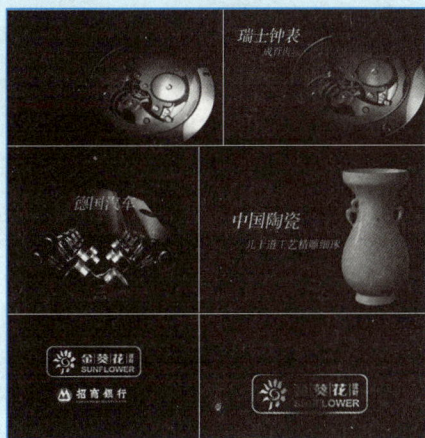

模块 06　制作河南形象宣传片

模块 07　制作剪纸动画

模块 08　跳动的旋律

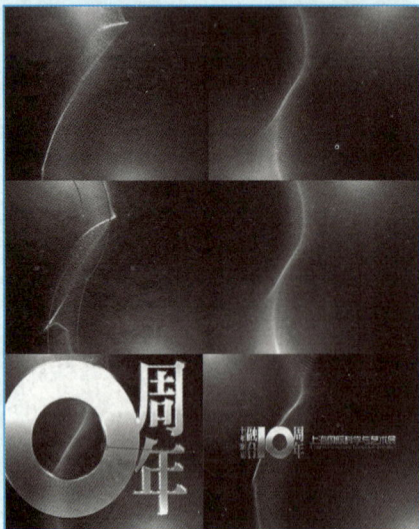

模块 09　光环旋转效果

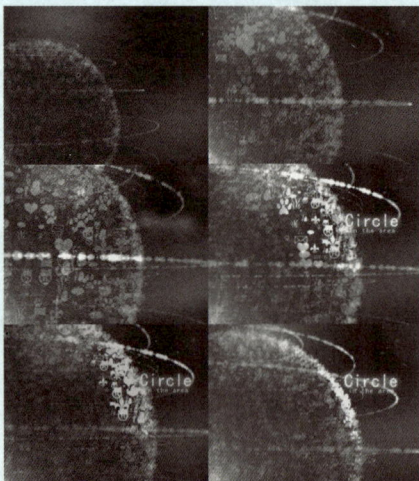

能力掌握：

掌握After Effects的工作流程

知识目标：

1. 如何导出到渲染列队
2. 摄像机的使用

重点掌握：

1. 掌握后期视频编辑的基本原理
2. 掌握常用的视频格式

AE 知识储备

知识点1　后期编辑工作流程

在数字化的背景下，对于影像产业有着很大的冲击，许多导演或摄影师都在使用全数字化的方式进行拍摄和后期的编辑工作，而且许多设备已经不再使用原有的胶片或磁带进行记录和编辑视频了。随着全民高清时代的来临，数字化已经是一个无法抗拒的潮流，如图1-1所示。

图1-1

以前的视频编辑工作多使用线性编辑（Linear Editing）进行的，这是一种传统的工作模式。通常由一台或多台放像机和录像机组成，编辑人员通过放像机选择一段合适的素材，把它记录到录像机中的磁带上，然后再寻找下一个镜头，接着进行记录工作。如此反复操作，直至把所有合适的素材按照节目要求全部顺序记录下来。由于磁带记录画面是顺序的，所以无法在已有的画面之间插入或删除一个镜头，除非把这之后的画面全部重新录制一遍，显然这样的工作效率是非常低的。

线性编辑的这些缺陷恰好被非线性编辑（Non-Linear Editing）所克服。非线性编辑的工作大部分都在计算机里完成，工作人员把素材导入到计算机里，然后对所有原始素材进行各种编辑操作，并将最终的结果输出到计算机硬盘、磁带、录像带等记录设备上。整个编辑过程不会像传统的编辑模式那样，由于机器原因造成的磁头、磁带磨损，导致视频信号经过这些设备连接造成较大衰减和失真，如图1-2所示。

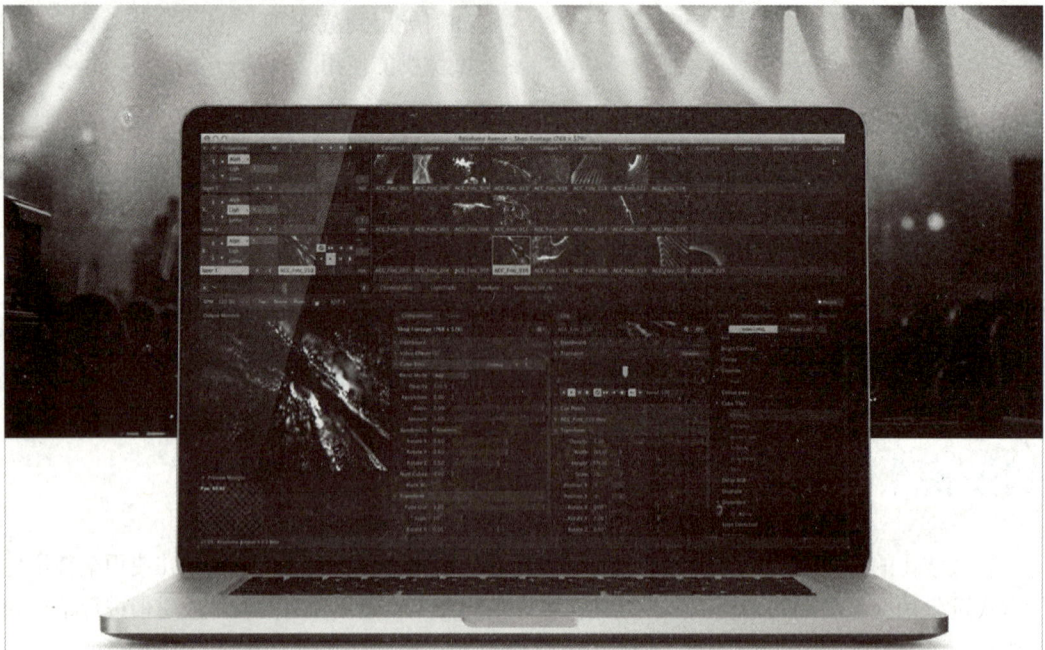

图1-2

非线性编辑的工作流程大概分为三个部分，简单来说就是输入、编辑和输出。第一步：采集与输入，利用软件将模拟视频、音频信号转换成数字信号存储到计算机中，或者将外部的数字视频存储到计算机中，成为可以处理的素材。第二步：编辑与处理，利用软件剪辑素材添加特效，包括转场、特效、合成叠加。After Effects正是帮助用户完成这一至关重要的步骤，影片最终效果的好坏取决于此。第三步：输出与生成，制作编辑完成后，就可以输出成各种播出格式，使用哪种格式取决于播放媒介。而整部广告影片的制作并没有这么简单，里面涉及到多工种大范围的团队合作，在这里简单地梳理出一个相对通用的工作流程供读者参考，如图1-3所示。

在实际应用中，所做的工作远远超出了视频剪辑这一工作范畴，好的画面效果要在后期编辑的过程中花费很多精力，同时也节省了前期拍摄和三维制作的时间和费用。After Effects在众多后期制作软件中是独树一帜的，功能强大，操作便捷。

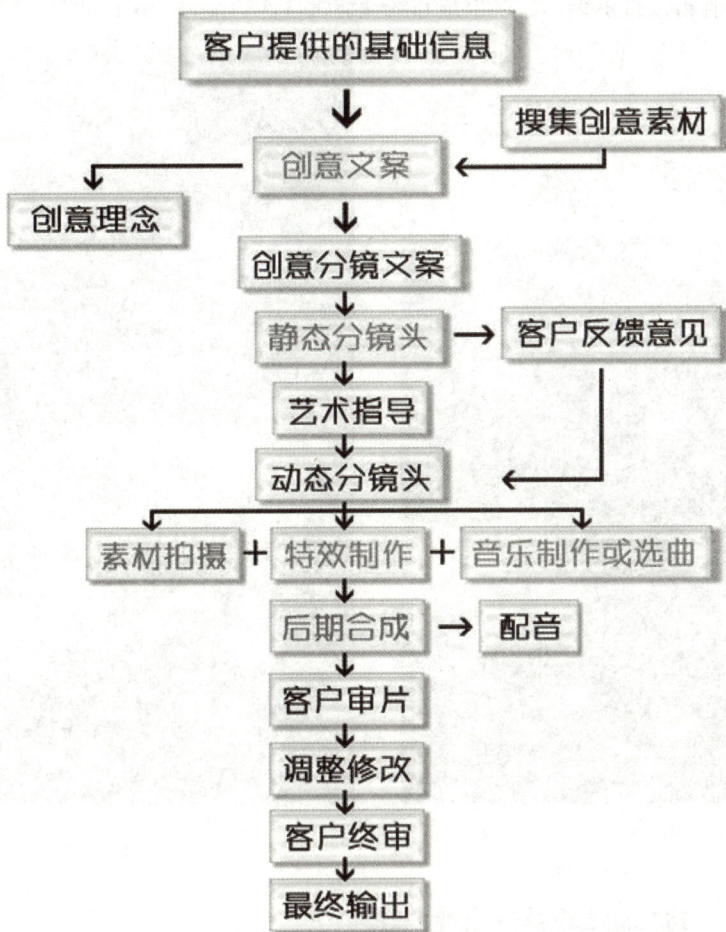

```
        客户提供的基础信息
                │
                ▼
              创意文案 ◄──────── 搜集创意素材
           ┌────┤
           ▼    ▼
        创意理念  创意分镜文案
                │
                ▼
            静态分镜头 ──────► 客户反馈意见
                │                    │
                ▼                    │
             艺术指导                 │
                │                    │
                ▼                    │
            动态分镜头 ◄─────────────┘
           ┌────┼────────┐
           ▼    ▼        ▼
      素材拍摄 + 特效制作 + 音乐制作或选曲
                │
                ▼
            后期合成 ──────► 配音
                │
                ▼
             客户审片
                │
                ▼
             调整修改
                │
                ▼
             客户终审
                │
                ▼
             最终输出
```

图1-3

🔖 提 示

　　虽然现实的工作流程会有不同，但是大同小异。这些步骤不仅考验了团队间的合作，也考验了导演的统筹能力。如果片子简单，涉及的问题不算很多，例如配音和配乐。即使是后期的制作人员不懂拍摄的制作流程，但可以确定的是配音与配乐都要在前期制作出来。虽然后期也会进行调整，但是画面要和配音相匹配，所以需要提前制作出来。另外对于配音，许多公司都会提供声音样稿，一旦选中某个配音演员，可以试读一段，并将试读片段拿给客户确认。同时配音稿件也要确定下来，如果后期再去调整就会带来很多不必要的麻烦。

　　随着三维技术的发展，后期制作软件的很多功能都是为前期的三维制作添加效果和弥补不足。在前期拍摄中，由于安全和费用等因素，同时也为了达到更好的画面效果，拍摄的过程使用了绿屏特技。在影片拍摄完成后，可以将素材导入计算机，使用After Effects把绿色的背景部分做抠像处理。把背景素材叠加到拍摄素材上之后，为了使画面更加真实，要在玻璃上添加细节效果，并对画面校色，如图1-4所示。

　　整个制作过程涉及一个操作——层的应用，这也是大部分非线性编辑软件在制作影片时必须使用的。"层"是计算机图形应用软件中经常涉及的一个概念，这些不同透明度的层是相对独立的，并且可以自由编辑，这也是非线性编辑软件的优势所在，如图1-5所示。

图1-4

图1-5

知识点2　电视播出的制式

1．电视制式的类型

世界上主要使用的电视广播制式有：PAL、NTSC、SECAM三种，中国大部分地区使用PAL制式，日本、韩国及东南亚和欧美国家都使用NTSC制式，俄罗斯则使用SECAM制式。中国国内市场上买到的正版进口的DV产品都是PAL制式。

2．逐行扫描与隔行扫描

PAL制式是隔行扫描，NTSC制式为逐行扫描。

逐行扫描电视比隔行扫描电视诞生时间早很多，最早的电视广播都是采用逐行扫描。因为当时电视的清晰度非常低，并且只能广播黑白图像的节目，内容也不丰富，大部分是文字广告和音乐等内容。后来人们想把电影节目搬到电视上播放，此时才发现电视机的清晰度不够。为此电视台想出了一个新办法，只需在312根扫描线的后面加上半根扫描线，而电视机则不动，此时图像清晰度就提高了一倍。这就是隔行扫描电视机的工作原理。

隔行扫描电视机的技术是从电影的工作原理中得到的灵感。电影每秒播放24个图片，即24帧，但为什么人们都感觉不到图像闪烁呢？原来电影在放映的时，每个镜头都要重复多放一次，即每秒48次。对比一下，这不是很像隔行扫描电视机吗？

为什么电影的帧频为24，而电视是25。就因为差一帧，使得每次在电视上播放电影时，都得要进行格式转换（多插一帧，即对某帧进行重播），而不是把它们统一为25或24呢？

电影不愿意换成25帧的理由是，人们对每秒24帧已经很满意了，如果换成25帧会增加成本。电视不愿意换成24帧的理由是，民用交流电的频率为50 Hz，如果换成其他场频，容易受到如荧光灯之类灯具的影响，尤其是它们在调制的时候容易会出现差拍。由于大家都不愿意妥协，所以无法达成协议，只能和平共处。因此在看电视上播放电影时，总能看到多插的那一帧在闪烁。

另外，逐行扫描所独有的非线性信号处理技术，将普通的隔行扫描电视信号转换成480行扫描格式，帧频由普通模拟电视的每秒25帧提高到60至75帧，实现了精确的运动检测和运动补偿，从而克服了传统扫描方式的三大缺陷。可以做个比较，在1/50s的时间内，以隔行扫描方式先扫描奇数行，紧跟着在1/50s内再扫描偶数行，对比逐行扫描则是在1/50s内完成整幅图像的扫描。经逐行扫描出来的画面清晰无闪烁，动态失真较小。若与逐行扫描电视、数字高清晰度电视配合使用，则完全可以获得胜似电影的美妙画质。

3. 高清电视工作制式

HD电视，英文全称high-definition television，即高分辨率（高清）电视，一种分解力和画面宽高比都比现行电视制式大得多的新型高质量电视系统。在大屏幕上显示的高清晰度电视彩色图像显得格外细腻鲜艳，具有更强的真实感。

1968年日本率先进行高清晰度电视的研究，其主要参数为每帧图像1 125行，每秒60场，隔行率为2:1，画面宽高比为5.3:3。后来有的国家则建议采用每秒50场或宽高比为5.33:3。高清晰度电视技术不仅用于电视广播，还可广泛用于各种需要优质彩色大画面的领域，并为电影及图片摄制提供了电子制作的可能。

由于扫描参数不同，现行制式的电视机不能收看制式完全不同的高清晰度电视彩色图像。为此，有些国家采取渐进政策，即在不改变现行电视制式的前提下，改进和提高现行电视的彩色图像质量。这类具有过渡性质的电视统称为改良电视，虽然它和高清晰度电视有着相似的目的，但是它们采用的手段却迥然不同。改良电视有多种方案，例如西欧等国为提高现行三大彩色电视制式的性能，在直播卫星电视系统中采用多工组合模拟分量制（简称MAC制），即亮度信号分量和色度信号分量按时间分割方式多工组合为基域信号，就是改良电视的一种形式。

4. 电视像素比

电视像素比是指图像中一个像素的宽度与高度之比，而帧纵横比则是指图像一帧的宽度与高度之比。如某些NTSC图像的帧纵横比是4:3，但使用方形像素（1.0像素比）的是640×480，使用矩形像素（0.9像素比）的是720×480。DV基本上使用矩形像素，在NTSC制视频中是纵向排列的，而在PAL制视频中是横向排列的。使用计算机图形软件制作生成的图像大多使用方形像素。

由于计算机产生的图像的像素比永远是1:1，而电视设备所产生的视频图像则不一定是1:1，如我国的PAL制像素比就是16:15≈1.07。同时，PAL制规定画面宽高比为4:3。根据宽高比的定义来推算，PAL制图像分辨率应为768×576，但在像素为1:1的情况下，PAL制的分辨率可为720×576。因此，实际PAL制图像的像素比是768:720≈1.07，即通过把正方形像素"拉长"的方法，保证了画面的4:3的宽高比例。

知识点3　常用电视制式

After Effects在影视后期制作软件中占有一席之地，虽然不少电影都是通过After Effects来完成后期特效的工作，但是相对于它在电视节目制作中的地位，还是稍稍逊色。由于使用After Effects的用户大部分是为了满足电视制作的需要，所以这里将重点讲解一些在After Effects中与电视制作和播出相关的基本概念。

在制作电视节目之前，要清楚客户的节目在什么地方播出，因为不同的电视制式在导入和导出素材时的文件设置是不一样的。打开After Effects软件，执行"Composition"→"New Composition"命令，弹出"Composition Settings"对话框，如图1-6所示。

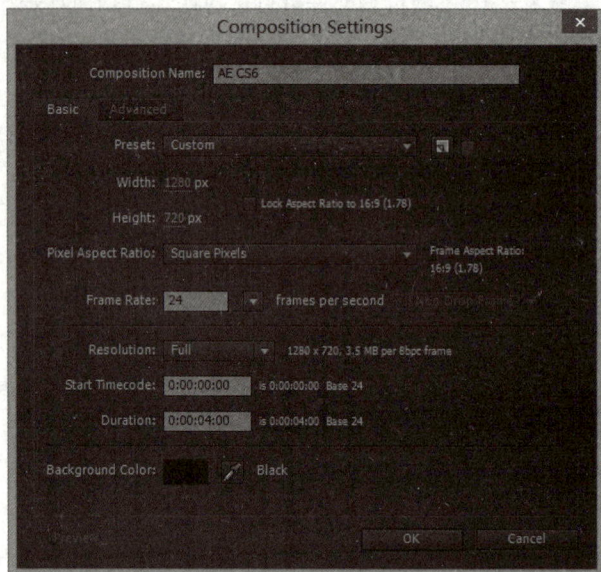

图1-6

打开"Basic"选项卡中的"Preset"下拉菜单，可以看到关于不同制式文件格式的选项。当选择一种制式模板后，文件的尺寸和帧速率（frames rate）都会发生相应的变化，如图1-7所示。

提　示

这里所建立的是一个COMP（合成），和Photoshop里新建的文件并不一样，只相当于建立了一个图层或称作一个段落。After Effects工程文件的后缀是AEP，这才是工程文件的格式。

目前各国的电视制式不尽相同，制式的区分主要在于帧频（场频）、分解率、信号带宽和载频的不同，以及色彩空间的转换关系，对于现行彩色电视制式NTSC（national television system committee）制（简称N制）、PAL（phase alternation line）制和SECAM制的介绍如下。

● NTSC制式：它是1952年由美国国家电视标准委员会指定的彩色电视广播标准。

它采用正交平衡调幅的技术方式，故也称为正交平衡调幅制。美国、加拿大等大部分西半球国家，以及日本、韩国、菲律宾等均采用这种制式。

- PAL制式：它是西德在1962年指定的彩色电视广播标准。它采用逐行倒相正交平衡调幅的技术方法，克服了NTSC制相位敏感造成色彩失真的缺点。目前我国和一些西欧国家，以及新加坡、澳大利亚、新西兰等均采用这种制式。另外，在PAL制式中根据不同的参数细节，又可以进一步划分为G、I、D等制式，而我国大陆采用的是PAL-D制式。

- SECAM制式：SECAM是法文的缩写，意为顺序传送彩色信号与存储恢复彩色信号制，是由法国在1956年提出、1966年制定的一种新的彩色电视制式。它也克服了NTSC制式相位失真的缺点，采用时间分隔法来传送两个色差信号。使用SECAM制的国家主要集中在法国、东欧和中东一带。

随着电视技术的不断发展，After Effects不但支持PAL等标清制式，对高清晰度电视（HDTV）和胶片（film）等格式也提供支持，可以满足客户的不同需求。

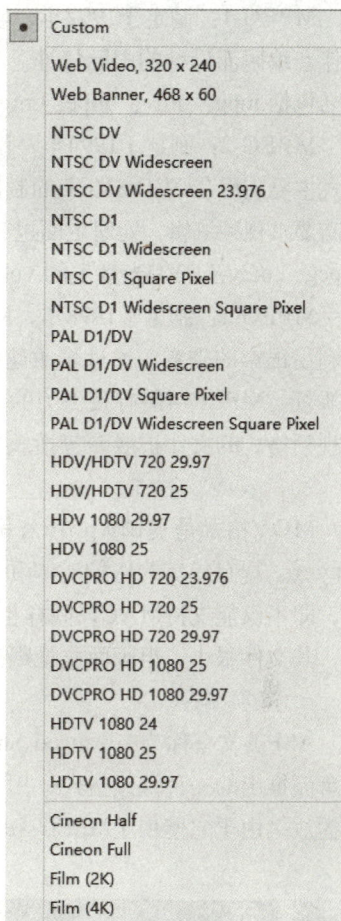

图1-7

知识点4　常用视频格式

掌握视频格式是后期制作的基础，下面介绍After Effects相关的视频格式。

1. AVI格式

AVI英文全称为Audio Video Interleaved，即音频视频交错格式，一种After Effects常见的输出格式。它于1992年被Microsoft公司推出，随Windows 3.1一起被人们所熟知。所谓"音频视频交错"，就是可以将视频和音频交织在一起进行同步播放。这种视频格式的优点是图像质量好，可以跨多个平台使用，但是其缺点是体积过于庞大，而且压缩标准不统一。

2. MPEG格式

MPEG英文全称为Moving Picture Expert Group，即运动图像专家组格式。它是运动图像压缩算法的国际标准，采用了有损压缩方法，从而减少运动图像中的冗余信息。MPEG的压缩方法说得更加深入一点就是保留相邻两幅画面绝大多数相同的部分，而把后续图像中和前面图像有冗余的部分去除，从而达到压缩的目的。目前常见的MPEG格式有三个压缩标准，分别是MPEG-1、MPEG-2和MPEG-4。

MPEG-1：制定于1992年，它是针对1.5Mbps以下数据传输率的数字存储媒体运动图像及其伴音编码而设计的国际标准。也就是通常所见到的VCD制作格式。这种视频格式的文件扩展名包括.mpg、.mlv、.mpe、.mpeg及VCD光盘中的.dat文件等。

MPEG-2：制定于1994年，设计目标为高级工业标准的图像质量以及更高的传输率。这种格式主要应用在DVD/SVCD的制作（压缩）方面，同时在一些HDTV（高清晰电视广播）和一些高要求视频编辑、处理上面也有相当的应用。这种视频格式的文件扩展名包括.mpg、.mpe、.mpeg、.m2v及DVD光盘上的.vob文件等。

MPEG-4：制定于1998年，MPEG-4是为了播放流式媒体的高质量视频而专门设计的，它可利用很窄的带宽，通过帧重建技术，压缩和传输数据，以求使用最少的数据获得最佳的图像质量。MPEG-4最有吸引力的地方在于它能够保存接近于DVD画质的小体积视频文件。这种视频格式的文件扩展名包括.asf、.mov和DivX、AVI等。

3．MOV格式

MOV格式是美国Apple公司开发的一种视频格式，默认的播放器是苹果的QuickTime Player。具有较高的压缩比率和较完美的视频清晰度等特点，但是其最大的特点还是跨平台性，即不仅能支持MAC，同样也能支持Windows系列。这是一种After Effects常见的输出格式，其文件很小，但画面质量很高。

4．ASF格式

ASF英文全称为Advanced Streaming Format，即高级流格式。它是微软为了和Real Player竞争而推出的一种视频格式，用户可以直接使用Windows自带的Windows Media Player对其进行播放。由于它使用了MPEG-4的压缩算法，所以压缩率和图像的质量都很不错。

> **提示**
>
> After Effects除了支持WAV的音频格式，After Effects也支持常见的MP3格式，可以将此格式的音乐素材导入使用。在选择影片储存格式时，如果影片要播出使用，一定要保存无压缩的格式。

知识点5　其他相关概念

1．场

场（field）是一个在电视上播放时遇到的概念。在电脑显示器上看到的影像是逐行扫描的显示结果，而电视因为信号带宽的问题，图像是以隔行扫描（interlaced）的方式显示，即图像是由两条叠加的扫描折线组成的。所以，电视显示出的图像是由两个场组成，每一帧都被分为两个图像区域（即两个场），如图1-8所示。

两个场分为奇场（upper field）和偶场（lower field），也可以叫上场和下场。如果以隔行扫描的方式输出文件，就要面对一个关键问题，是先扫描上场还是下场。不同设备对扫描顺序的要求是不同的，大部分三维制作软件和后期软件都支持场的顺序的输出切换。

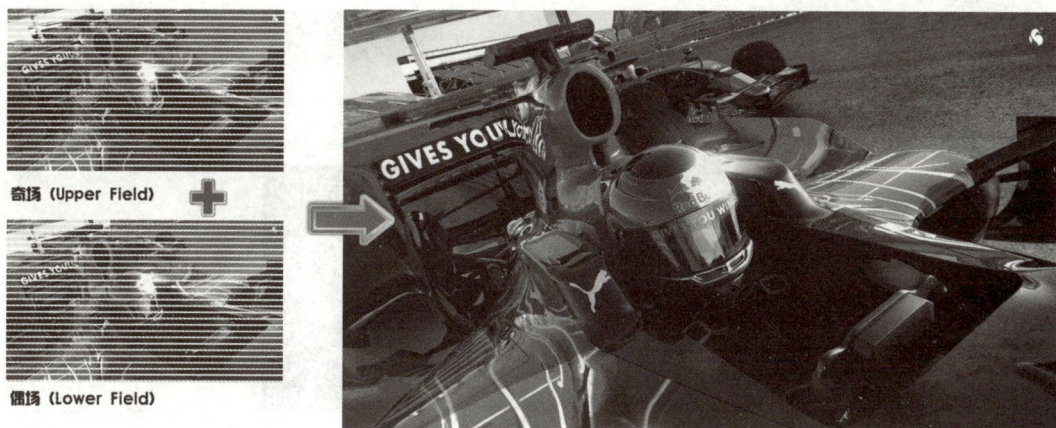

奇场 (Upper Field)

偶场 (Lower Field)

图1-8

> ### 提 示
>
> 　　经验的积累可以直接分辨素材是奇场还是偶场优先，如：不同的视频采集设备得到的素材奇场还是偶场优先是不同的，通过1394火线（fire wire）接口采集的DV素材永远都是偶场优先。

2．帧速率

帧速率（frame rate）是指影片在播放时每秒钟扫描的帧数。例如，我国使用的PAL制式电视系统，帧速率为25fps，也就是每一秒播放25帧画面。所以在三维软件中制作动画时就要注意影片的帧速率。在After Effects中如果导入素材与项目的帧速率不同，就会导致素材的时间长度变化。

3．像素比

像素比（pixel aspect ratio）就是像素的长宽比。不同制式的像素比是不一样的，在电脑显示器上播放的像素比是1:1，而在电视上，以PAL制式为例，像素比是1:1.07，这样才能保持良好的画面效果。如果在After Effects中导入的素材是由Photoshop等其他软件制作的，一定要保证像素比的一致性。在建立Photoshop文件时，可以对像素比作设置。

知识点6　After Effects与其他软件

1．After Effects与Photoshop

After Effects可以任意导入PSD文件。打开软件，执行"File"→"Import"→"File"命令，在弹出的"Import File"对话框选择要导入PSD文件，其中在"Import Kind"下拉菜单中可以选择PSD文件以什么形式导入项目，如图1-9所示。

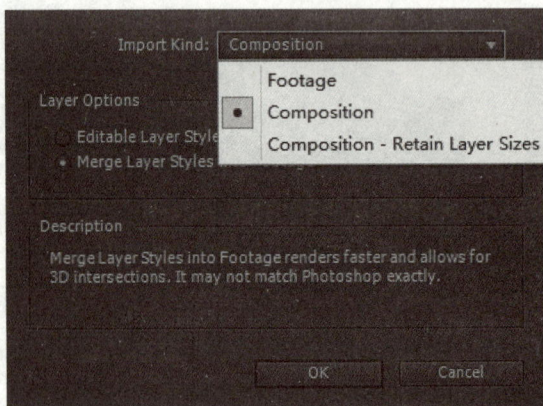

图1-9

　　同Photoshop一样，也可以在"Project"面板中双击灰色区域，打开导入对话框，这同菜单命令操作的效果是一样的。

　　"Merged Layers"选项就是将所有的层合并，再导入项目。这种导入方式可以读取PSD文件所最终呈现出的效果，但不能编辑其中的图层。"Choose Layers"选项可以让用户单独导入某一个层，但这样也会使PSD文件中所含有的一些效果失去作用。

　　如果文件以Composition（合成影像）的形式导入，整个文件将被作为一个Composition导入项目，文件将保持原有的图层顺序和大部分效果，如图1-10所示。

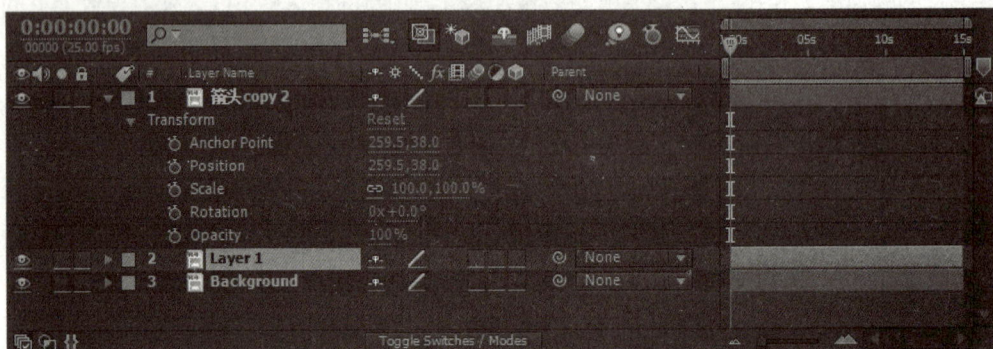

图1-10

　　同样After Effects也可以将某一帧画面输出成PSD文件格式，而项目中的每一个图层都将转换成为PSD文件中的一个图层。执行"Composition"→"Save Frame As"→"Photoshop Layers"命令，就可以将画面以PSD文件形式输出了。

　　2．After Effects与Illustrator

　　Adobe Illustrator是Adobe公司出品的矢量图形编辑软件，在出版印刷、插图绘制等多种行业可作为标准，其输出文件为AI格式，许多软件都支持这一文件格式的导入。After Effects可以随意地导入AI的路径文件，Illustrator强大的矢量图形处理能力可以弥补After Effects中Masks功能的不足。

AE 职业技能考核

一、填空题

1. NTSF制式为_____扫描，PAL制式是_____扫描。扫描的形式有几种_____。

2. 在导入PSD素材时，需要执行"File"→"_____"命令，选中了素材后只需要选择PSD中的一个图层，此时应该在弹出的PSD文件对话框中选择_____。

3. MPEG-4制定于_____年，MPEG-4是为了播放_____的高质量视频而专门设计的。

二、单选题

1. 在After Effects CS6软件的初始化设置中，原则上对内存的分配留给除运行软件以外的内存应不少于（   ）。

A. 4G   B. 3G   C. 2G   D. 任意

2. 中国大陆的电视设置的帧速率是（   ）。

A. 24   B. 25   C. 29   D. 30

三、多选题

1. 下列对PAL制式说法，不正确的有（   ）。

A. 它是西德在1948年指定的彩色电视广播标准

B. 它不是我国大陆采用的制式

C. 它采用逐行倒相正交平衡调幅的技术方法

D. PAL制式中根据不同的参数细节，又可以进一步划分为G、O、D等制式

2. 下列对MPEG-2说法，正确的有（   ）。

A. 制定于1994年，设计目标为高级工业标准的图像质量以及更高的传输率

B. 这种格式主要应用在DVD/SVCD的制作（压缩）方面

C. 这种视频格式的文件扩展名包括.mpg、.mpe、.mpeg、.m2v

D. 在一些HDTV（高清晰电视广播）和一些高要求视频编辑、处理上面也有相当的应用

3. 下列对AVI格式说法正确的有（   ）。

A. 这是一种After Effects常见的输出格式

B. 英文全称为audio video interleaved

C. 它于1994年被Microsoft公司推出

D. 这种视频格式的优点是图像质量好，可以跨多个平台使用，但是其缺点是体积过于庞大，而且压缩标准不统一

四、简答题

列举5个常用的视频格式及其特点。

学习心得

01

02

03

04

05

06

07

08

09

易度传媒宣传片制作

实训参考效果图:

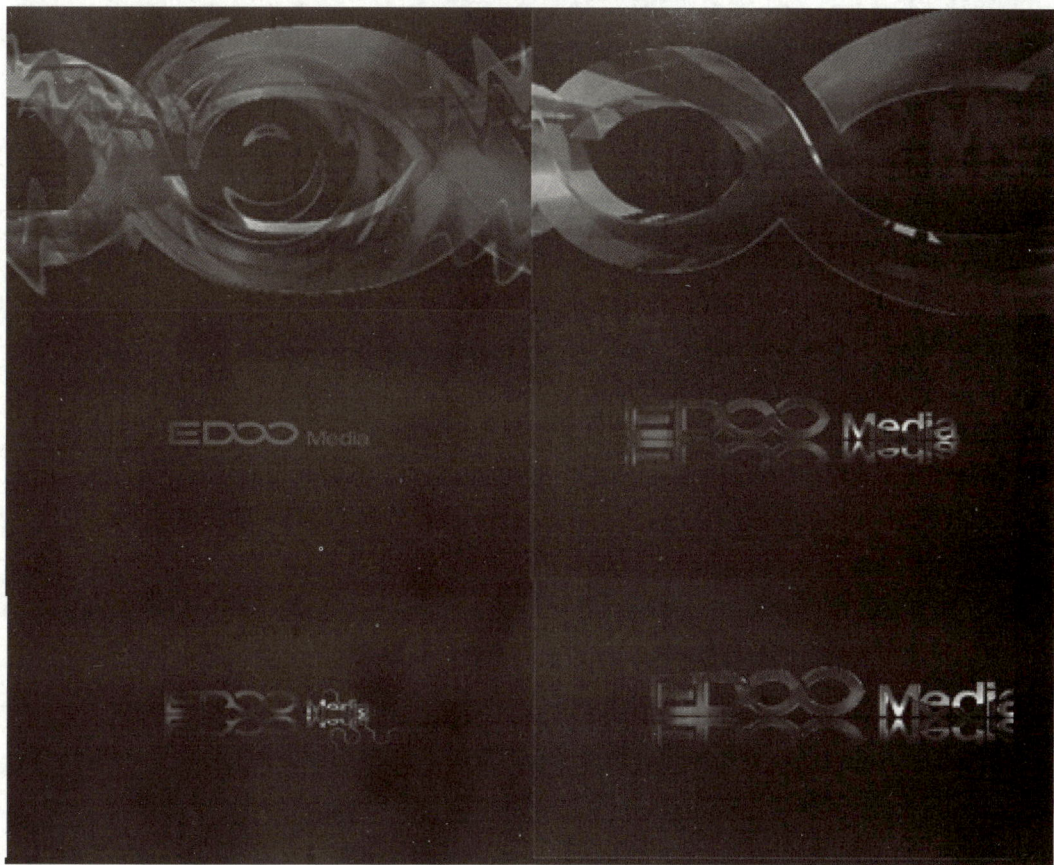

能力掌握:

掌握平面素材在影视片头中的应用

重点掌握:

1. 掌握使用Photoshop软件制作素材
2. 掌握透明通道以及灯光层的概念

知识目标:

1. Mask绘制方法与属性调整
2. 层叠加概念与应用
3. 时间线面板扩展属性
4. 三维渲染序列帧文件的导入

AE 模拟制作实训

实训1　易度片头制作

🖥 实训背景

《易度传媒》是易度国际传媒公司一个宣传片的片头。其LOGO是英文Edoo media的一种变形，本实训将用Edoo为元素作为贯穿整个片头的标志图形。光线采用红色和蓝色，使整个片头拥有一种华丽的效果，再搭配一些线条的运动，给人一种灵动的感觉。

🖥 实训要求

通过后期制作软件的处理手段和技术方法，利用平面元素制作出一条能充分体现栏目内容以及该传媒特色的片头。

播出平台：电视台
制式：HDV/HDTV 720 25

🖥 实训分析

因为制作的是一个宣传片，要展示企业的形象。而对于企业来说，一个LOGO相当于企业的形象。设计思路是通过Edoo几个字在光线照射的背景上运动，以及线条在文字上浮现，体现易度国际传媒企业的涉及面广和其在行业内的影响力。色彩上为了突出宣传片的画面感觉，背景将统一处理成版色，配上红色和蓝色两种灯光，加强了宣传片的震撼效果。

🖥 本实训掌握要点

通过添加灯光层，调整项目中的元素，使其符合片头需求。

技术要点：素材的制作和准备；插件的安装与应用；添加灯光层；Mask的应用
问题解决：通过第三方插件的应用提高工作效率，通过三维层与灯光层的调整与应用改变素材效果
应用领域：影视后期
素材来源：资料\素材文件\模块02\实训1\工程文件
作品展示：资料\素材文件\模块02\实训1\效果展示\易度宣传片.mov
操作视频：资料\操作视频\模块02

🖥 实训详解

STEP 01 启动After Effects CS6，在引导页对话框中单击 "New Composition" 按钮，或执行 "Comopstion" → "New Composition" 命令，弹出 "Composition Setting" 对话框，将 "Composition name" 命名为 "Comp 1"，设定 "Preset" 为 "HDV/HDTV 720 25"，设定 "Resolution" 为 "Full"，设定 "Duration" 为 "0:00:10:00"，如图2-1所示，单击 "OK" 按钮，完成工程文件设置。按Ctrl+S组合键，将项目文件命名为 "logo.aep" 并保存至硬盘。

STEP 02 执行 "File" → "Import" → "File" 命令，弹出 "Import File" 对话框，选择本实训素材文件夹中的素材文件 "EDOOOFINAL_B.001.jpg"，选中左下方的 "JPEG Sequence" 复选框，单击 "OK" 按钮，完成素材导入，如图2-2所示。

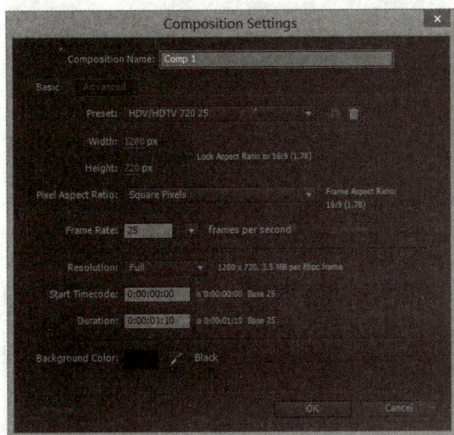

图2-1

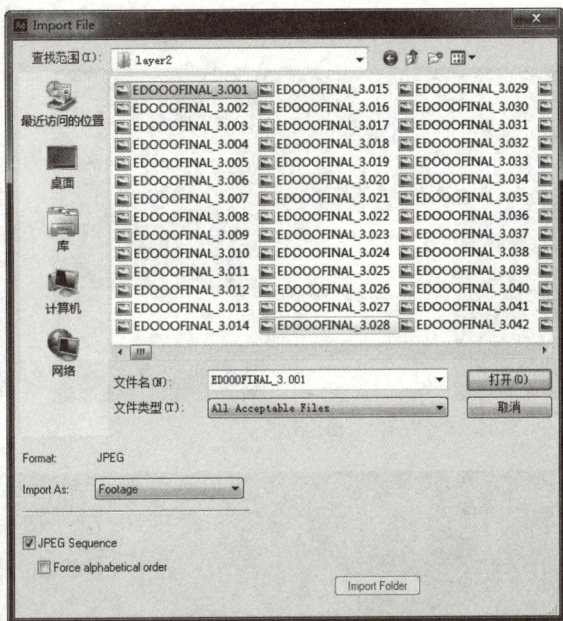

图2-2

📌 提 示

序列帧文件一般是由三维软件或其他软件渲染出来的，以多个图片文件存在，命名也有一定的规律，只需要选中第一张图片即可将整个影片进行导入。

STEP 03 在 "Project" 面板中右击 "EDOOOFINAL_B.[001-175].jpg" 素材。在弹出菜单中执行 "Interpret Footage" → "Main" 命令，弹出 "Interpret Footage" 对话框。设置 "Frame Rate" 选项组中的 "Assume this frame rate" 为 "30 frames per second"，在 "Fields and Pulldown" 选项组中的 "Separate Fields" 下拉列表中选择 "off"（无场）选项，单击 "OK" 按钮，完成场信息的设置，如图2-3和图2-4所示。

STEP 04 将素材拖动到Comp1中，确定时间线及合成窗口，如图2-5所示。

STEP 05 单击时间线面板中的层1 "EDOOOFINAL_B.[001-175].jpg" 前的三角形按钮，再单击 "Transform" 前的三角形按钮，展开层属性编辑参数，通过关键帧的设定来调节层的不透明度，如图2-6所示。

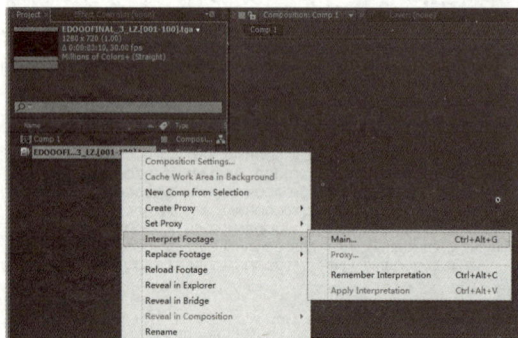

图2-3

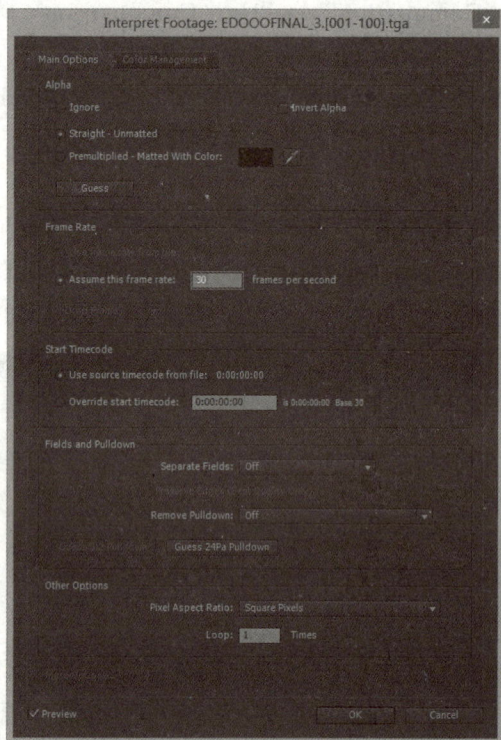

图2-4

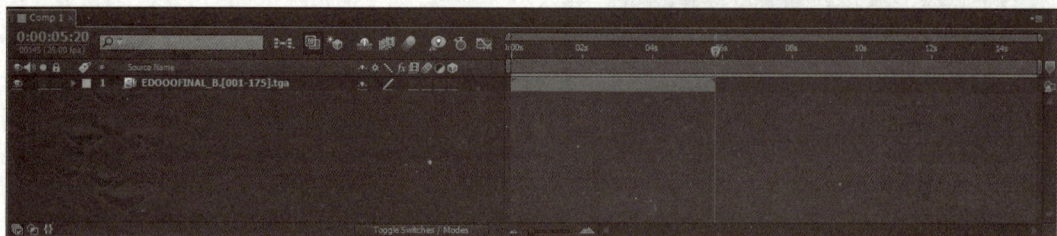

图2-5

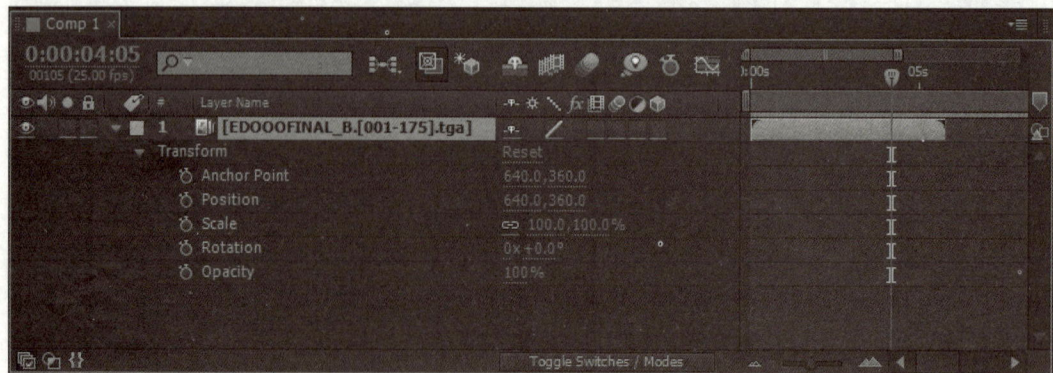

图2-6

STEP 06 单击时间线上的黄色时间显示区域，输入数值"0:00:03:22"，时间光标将自动移动到0:00:03:22的位置，如图2-7所示。

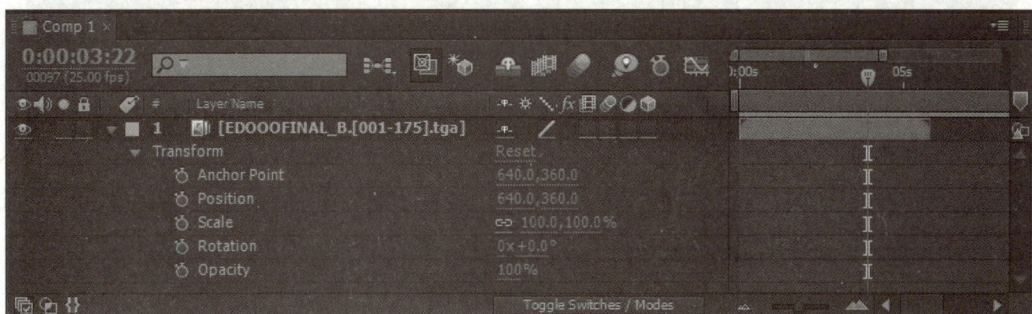

图2-7

提 示

在较早版本的After Effects中，单击该区域会弹出"Go to Time"面板，而新版本中取消了这一面板，同时也取消了其快捷键（Ctrl+G），但功能效果是一样的。

STEP 07 单击"Opacity"（不透明度）项前面的按钮，激活关键帧，在时间线中会相应地出现关键帧（菱形）标志，表示数值已被记录。将时间指针移动到0:00:04:09帧处，调整"Opacity"参数为0%。当数值有所变化时，关键帧将被自动记录，相应位置会出现新的关键帧标记，如图2-8所示。

提 示

在制作关键帧动画时，单击属性前的码表图标就会自动创建一个关键帧，也可以将时间指示器移动至关键帧结束的位置，单击按钮，这样就会建立一个起始的关键帧。将该关键帧移动至其他区域，再调整参数，可以建立结束时的关键帧，这样的创建方式似乎少了一步的操作，但当面对大量的关键帧调整时，这种方式会带来许多空余的时间。

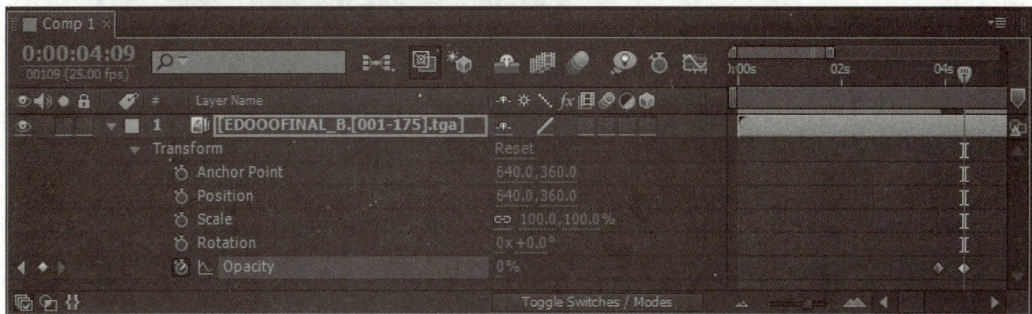

图2-8

STEP 08 执行"File"→"Import"→"File"命令，弹出"Import File"对话框，选择素材文件"Light030.mov"，单击"OK"按钮，完成素材的导入。在"Project"面板按住鼠标左键，将"Light030.mov"素材拖动到Composition中，如图2-9所示。

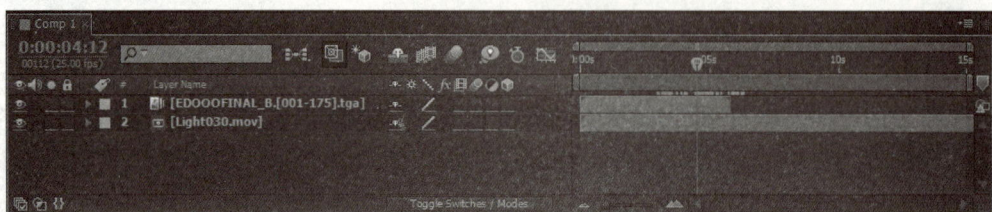

图2-9

STEP 09 单击时间线面板中的层2 "Light030.mov" 前的三角形按钮，再单击 "Transform" 前的三角形按钮，展开层属性编辑参数。

调整 "Position" （位置）参数，将 "360.0,243.0" 调整为 "640.0,360.0"，将层文件摆放至合成中心。

调整 "Scale" 参数，将 "100.0,100.0" 调整为 "-270.7,213.2"，调整光线方向及其大小，如图2-10所示。

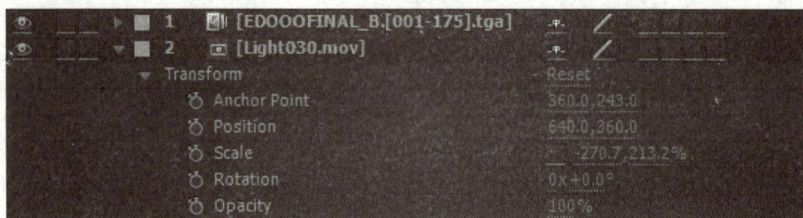

图2-10

STEP 10 单击时间线面板中的层2 "Light030.mov" 文件。执行 "Effect" → "Color Correction" → "Levels" 命令，添加 "Levels" 特效。在特效面板中，将 "Input Black" 数值由 "0.0" 调整为 "15.0"，降低光线的亮度。

执行 "Effect" → "Color Correction" → "Hue/Saturation" 命令，添加 "Hue/Saturation" 特效。在特效面板中，将 "Master Hue" 数值由 "0x+0.0°" 调整为 "0x-226°"，修改光线的颜色，如图2-11所示。

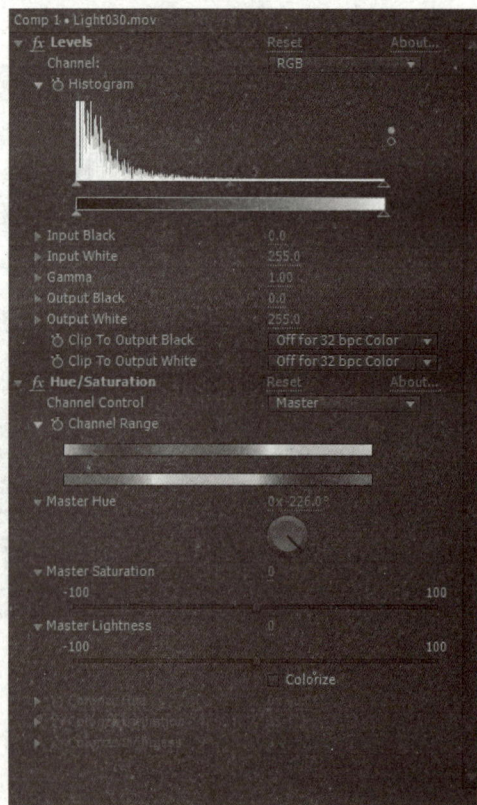

图2-11

01

02

03

在特效属性中，各种类型的面板会很多，但是并不是每一个属性都可以制作动画，只有属性左边有码表图标的属性才可以制作关键帧动画。特效属性的调整方式只有几个基本的类型，但大同小异，从英文标题上看似复杂，一旦了解后，会发现较多英文是重复使用的，掌握起来并不十分困难。

STEP 11 单击时间线面板中的层2 "Light030.mov" 前的三角形按钮，再单击 "Transform" 前的三角形按钮，展开层属性编辑参数。

将时针指针移动到0:00:02:08帧，激活 "Opacity" 的关键帧记录器。

将时针指针移动到0:00:03:17帧，调整 "Opacity" 参数为0%。按Ctrl+S组合键保存，如图2-12所示。

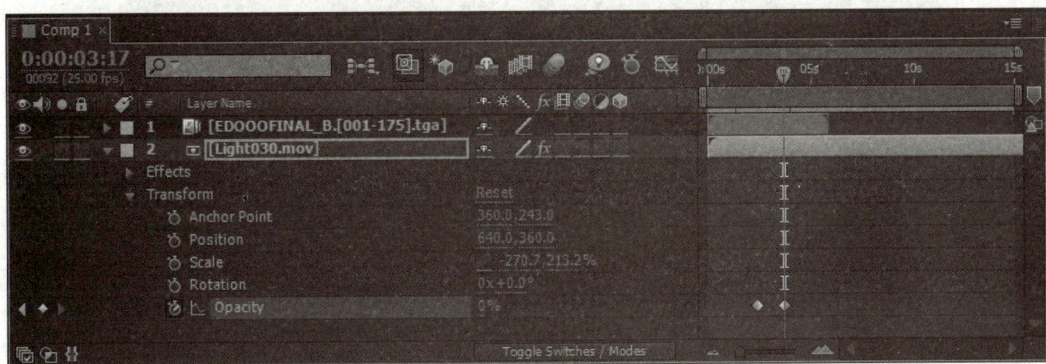

图2-12

STEP 12 执行 "Layer" → "New" → "Adjustment Layer" 命令，新建调整图层。调整层的顺序，单击时间线面板中层3的 "Light030.mov" 文件不放，将其拖动到 "Adjustment Layer 1" 上，并将其 "Mode" 模式改为 "Add"，如图2-13所示。

图2-13

04

05

06

07

如果面板中没有模式选项，可以按F4快捷键来进行切换，如果还没有找到，可以在列数灰色区域单击鼠标右键，找到其中缺失的属性选项。

STEP 13 单击时间线面板中层1的 "Adjustment Layer 1" 文件，执行 "Effect" → "Color Correction" → "Hue/Saturation" 命令，添加 "Hue/Saturation" 特效。在特效面板中，将 "Master Hue" 数值由 "0x+0.0°" 调整为 "0x-19°"，以达到光线打在LOGO上的感觉，

08

09

如图2-14所示。

图2-14

STEP 14 执行 "File" → "Import" → "File" 命令，弹出 "Import File" 对话框，选择本实训素材文件夹中的素材文件 "EDOOOFINAL_3.001.jpg"，选中左下方的 "JPEG Sequence" 复选框，单击 "OK" 按钮，完成素材导入，如图2-15所示。

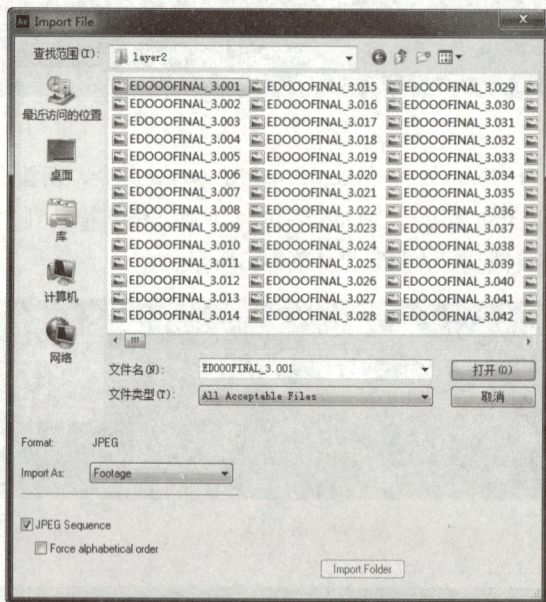

图2-15

STEP 15 在 "Project" 面板右击 "EDOOOFINAL_3.[001-100].jpg" 素材，在弹出的菜单中执行 "Interpret Footage" → "Main" 命令，如图2-16所示，弹出 "Interpret Footage" 对话框。设置 "Frame Rate" 选项组中的 "Assume this frame rate" 为 "30 frames per second"，在 "Fields and Pulldown" 选项组中的 "Separate Fields" 下拉列表中选择 "off"（无场）选项，单击 "OK" 按钮，完成信息的设置。

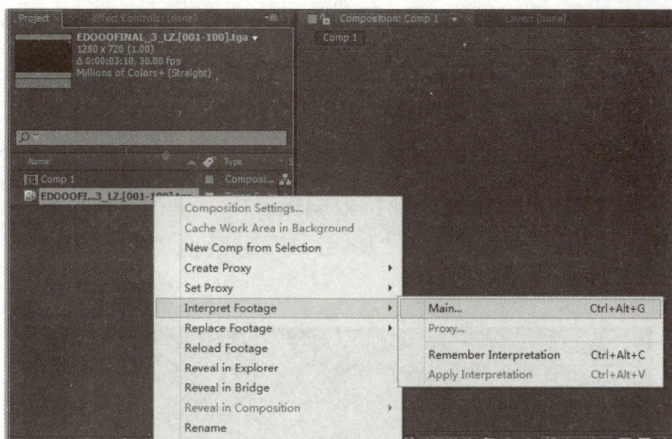

图2-16

提 示

对于场的应用并不适用于所有的项目，如果素材在拍摄或渲染时并没有带场，那么在制作特效时也可以不加场。

STEP 16 将素材拖动到Comp1中，将时间指针移动到0:00:03:13帧。单击选中层"4EDOOOFINAL_3.[001-100].jpg"，按"["键，素材将会移动到时间指针处，从时间指针处开始，如图2-17所示。

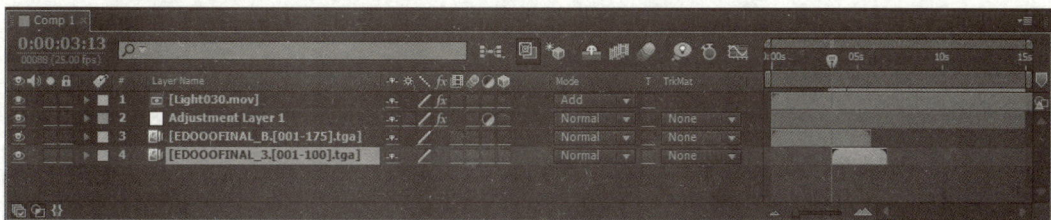

图2-17

STEP 17 单击时间线面板中的层2"4EDOOOFINAL_3.[001-100].jpg"前的三角形按钮，再单击"Transform"前的三角形按钮，展开层属性编辑参数。

将时针指针移动到0:00:06:10帧，激活"Opacity"的关键帧记录器。

将时针指针移动到0:00:06:20帧，调整"Opacity"参数为0%，如图2-18所示。

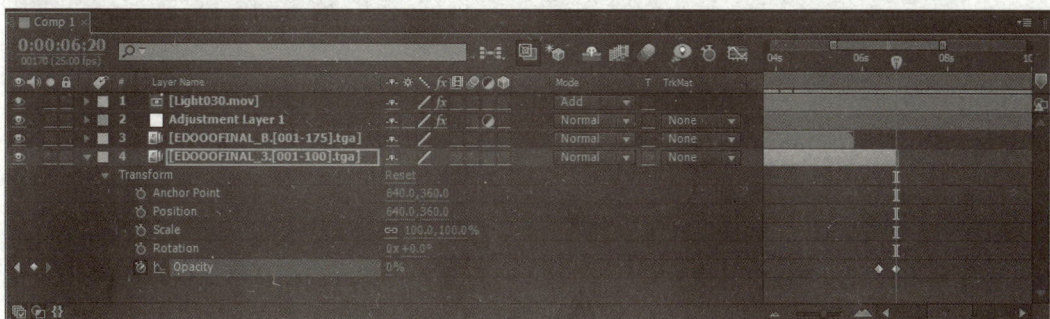

图2-18

STEP 18 单击时间线面板中的层4 "4EDOOOFINAL_3.[001-100].jpg" 文件。执行 "Effect" → "Distort" → "Ripple" 命令，添加 "Ripple" 特效。

调节 "Wave Width" 参数，从 "20.0" 调整到 "56.5"，设置其波形的宽度。

调节 "Wave Height" 参数，从 "20.0" 调整到 "315.0"，设置其波形的高度。

将时间指针移动到0:00:05:16处，在特效编辑器中，单击 "Radius" 前的按钮，激活关键帧记录器。在0:00:06:01帧处，将 "Radius" 参数由 "0.0" 调整到 "95.0"，如图2-19所示。

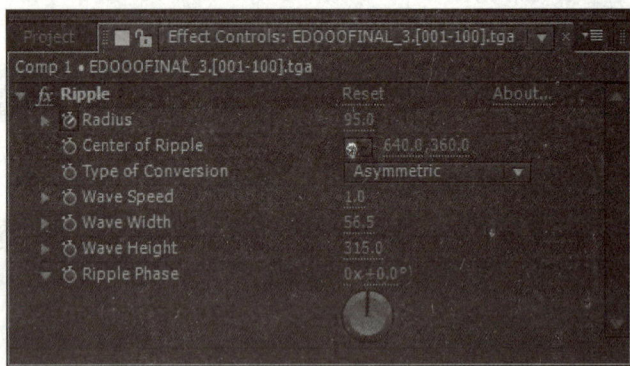

图2-19

STEP 19 单击时间线面板中的层4 "4EDOOOFINAL_3.[001-100].jpg" 文件，单击时间线面板层4 "4EDOOOFINAL_3.[001-100].jpg" 文件前的三角形按钮，再单击 "Transform" 前的三角形按钮，展开层属性编辑参数。将时针指针移动到帧，激活 "Opacity" 的关键帧记录器，将时针指针移动到0:00:06:20帧处，调整 "Opacity" 参数为0%。按Ctrl+S组合键保存，如图2-20所示。

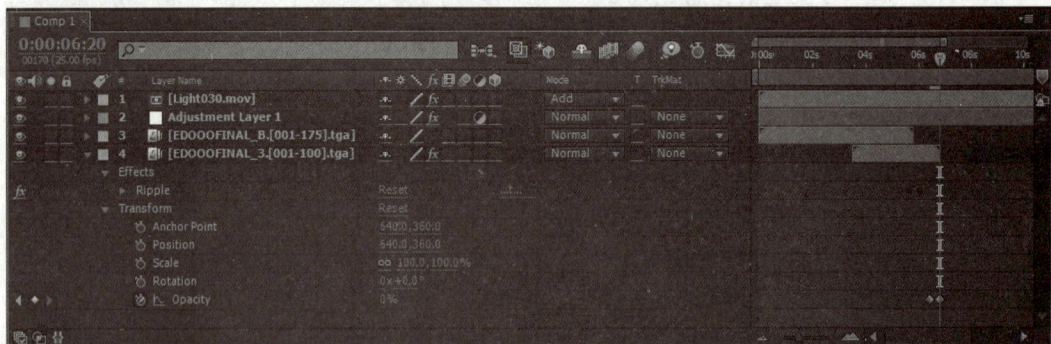

图2-20

STEP 20 执行 "File" → "Import" → "File" 命令，弹出 "Import File" 对话框，选择素材文件 "Light038.mov"，单击 "OK" 按钮，完成素材的导入。

在 "Project" 面板，按住鼠标左键，将 "Light038.mov" 素材拖动到Composition中，将 "Mode" 改为 "Add"，如图2-21所示。

STEP 21 单击时间线面板中的层4 "Light038.mov" 文件，将时间指针移动到0:00:04:07，按 "[" 键。选中的图层将会从时间指针处开始，如图2-22所示。

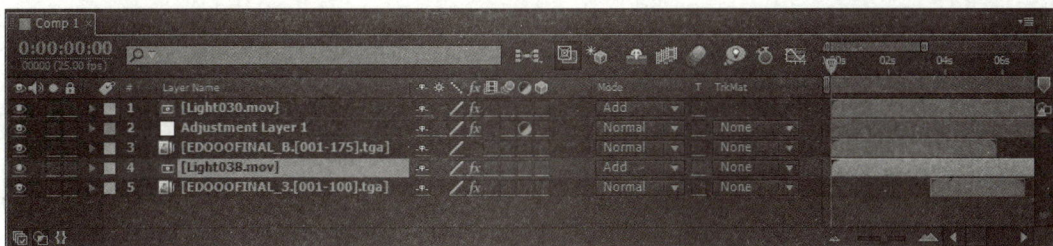

图2-21

图2-22

STEP 22 单击时间线面板中的层4 "Light038.mov" 前的三角形按钮，再单击 "Transform" 前的三角形按钮，展开层属性编辑参数。将 "Scale" 参数由 "100.0,100.0%" 调整为 "195.6,148.1%"，调整光线方向及其大小，如图2-23所示。

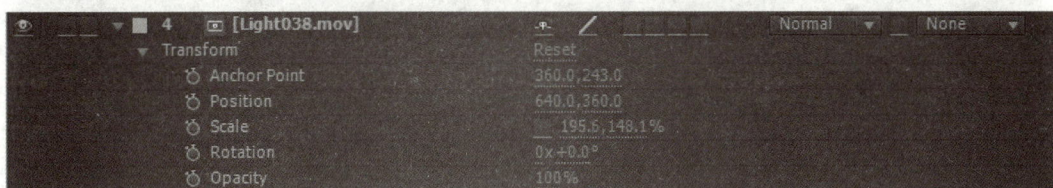

图2-23

STEP 23 单击时间线面板中的层4 "Light038.mov" 文件，执行 "Effect" → "Color Correction" → "Hue/Saturation" 命令，添加 "Hue/Saturation" 特效。在特效面板中，将 "Master Hue" 参数由 "0x+0.0°" 调整为 "0x+94°"，修改光线的颜色，如图2-24所示。

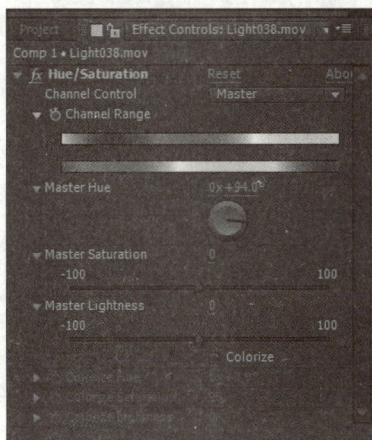

图2-24

提 示

同Photoshop中的Hue/Saturation相同，色相与饱和度特效也是经常使用的，主要用于改变颜色的色相，也可以通过设定通道区域颜色来对某一特定颜色进行调整。

STEP 24 单击时间线面板中的层4"Light038.mov"前的三角形按钮，再单击"Transform"前的三角形按钮，展开层属性编辑参数。

将时间指针移动到0:00:04:07处，单击"Opacity"（不透明度）项前面的按钮，激活"Opacity"的关键帧记录器，并调节"Opacity"参数为"0%"。

在0:00:05:03处调节"Opacity"参数为"100%"。

在0:00:08:13处调节"Opacity"参数为"100%"。

在0:00:09:16处调节"Opacity"参数为"0%"，如图2-25所示。

按Ctrl+S组合键保存。

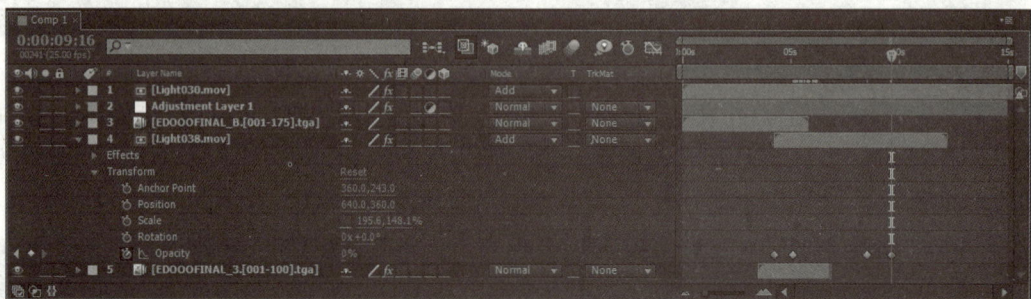

图2-25

新建工程文件，导入素材

STEP 25 执行"File"→"Import"→"File"命令，弹出"Import File"对话框，选择本实训素材文件中的素材文件"EDOOOFINAL_4.001.jpg"，选中左下方的"JPEG Sequence"复选框，单击"OK"按钮，完成素材导入，如图2-26所示。

图2-26

提示

序列帧文件在导入时需要勾选该项，如果文件夹中有序号相连的文件，例如：XXX01、XXX02、XXX03文件虽然不是序列帧文件，但也会被当成图片序列导进来，因为默认情况下该选项是勾选的，这点一定要注意。

STEP 26 在"Project"面板右击"EDOOOFINAL_4.[001-150].jpg"素材，完成信息的设置。将"EDOOOFINAL_4.[001-150].jpg"素材拖到Comp1中，单击选中"EDOOOFINAL_4.[001-150].jpg"素材，将时间指针移动到0:00:03:07处，按"["键，选中的图层将会从时间指针处开始，如图2-27所示。

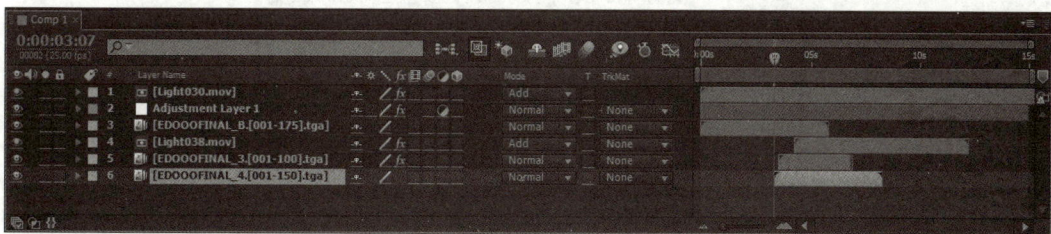

图2-27

提示

时间指示器和素材的位置调整一般使用快捷键进行操作，快捷键分别是"I""O"和"[""]"。前两个快捷键主要用于素材的起始或结束与时间指示器对齐，后两个主要用于将时间指示器移动至素材起始或结束的位置。

STEP 27 单击时间线面板中的层6"EDOOOFINAL_4.[001-150].jpg"前的三角形按钮，再单击"Transform"前的三角形按钮，展开层属性编辑参数。

将时间指针移动到0:00:06:06帧处，激活"Opacity"的关键帧记录器，调整"Opacity"参数为0%。

在0:00:06:17处，调整"Opacity"参数为100%。

在0:00:07:16处，调整"Opacity"参数为100%。

在0:00:08:02处，调整"Opacity"参数为0%，如图2-28所示。按Ctrl+S组合键保存。

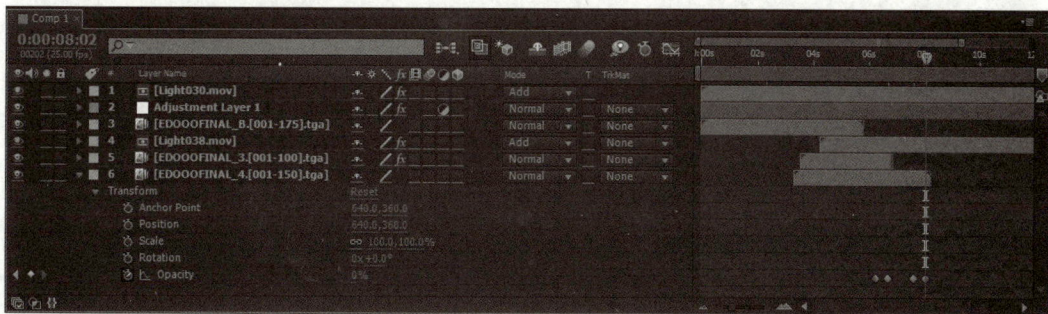

图2-28

STEP 28 执行"File"→"Import"→"File"命令，弹出"Import File"对话框，选择本实训

素材文件夹中的素材文件"EDOOOFINAL_A.001.jpg"，选中左下方的"JPEG Sequence"复选框，单击"OK"按钮，完成素材导入，如图2-29所示。

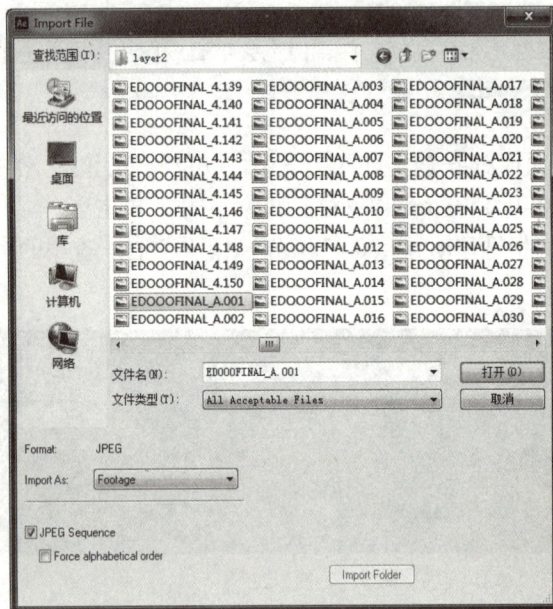

图2-29

STEP 29 在"Project"面板右击"EDOOOFINAL_A.[001-300].jpg"素材。完成场信息的设置。将"EDOOOFINAL_A.[001-300].jpg"素材拖到Comp1中，将时间指针移动到0:00:06:21处，按"["键，选中的图层将会从时间指针处开始。将"Duration"参数设置为5秒，如图2-30所示。

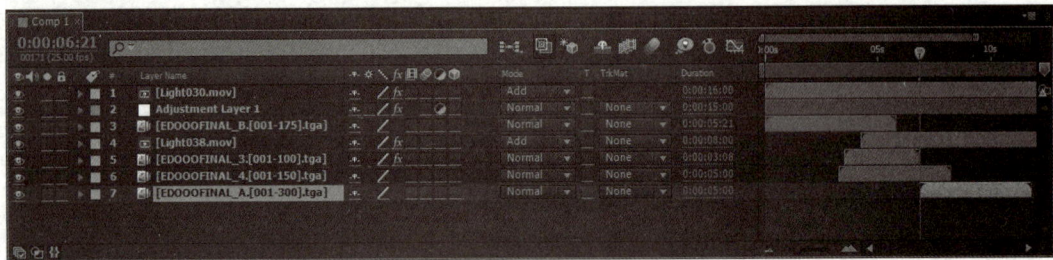

图2-30

STEP 30 单击时间线面板中的层7"EDOOOFINAL_A.[001-300].jpg"前的三角形按钮，再单击"Transform"前的三角形按钮，展开层属性编辑参数。

将时间指针移动到0:00:07:16帧处，激活"Opacity"的关键帧记录器，调整"Opacity"参数为0%。

在0:00:08:04处，调整"Opacity"参数为100%。

在0:00:11:17处，调整"Opacity"参数为100%。

在0:00:11:21处，调整"Opacity"参数为0%。

STEP 31 单击时间线面板中的层7"EDOOOFINAL_A.[001-300].jpg"文件。执行"Effect"→"Blur&Sharpen"→"Gaussian Blur"命令，添加"Gaussian Blur"特效。将"Blur

Dimensions"设置为"Horizontal and Vertical"。将指针移动到0:00:07:04处，在特效面板中打开"Blurriness"的关键帧记录器，调整"Blurriness"数值为"30.8"。在0:00:08:11处调整"Blurriness"为"0"，如图2-31和图2-32所示。

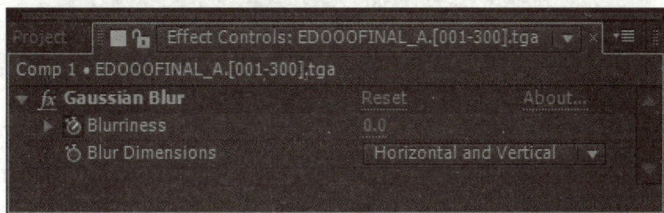

图2-31

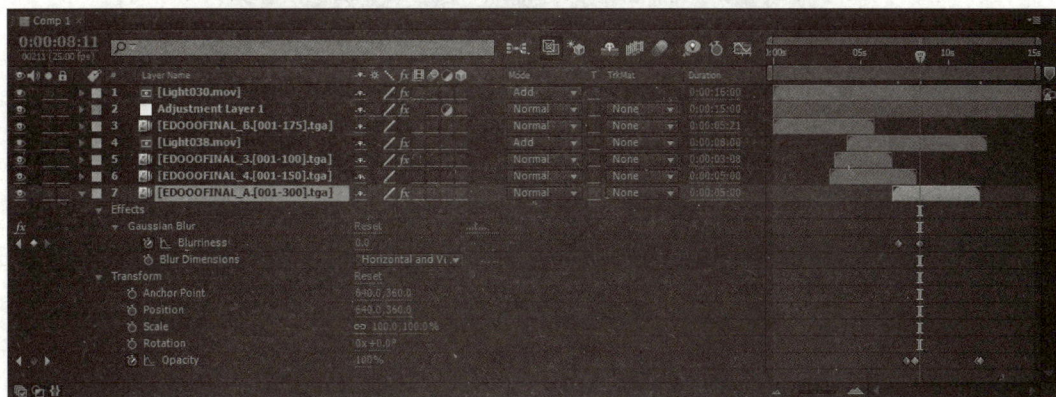

图2-32

STEP 32 选中层7"EDOOOFINAL_A.[001-300].jpg"文件，按Ctrl+D组合键复制图层，选中复制出来的图层。单击时间线面板中的层8"EDOOOFINAL_A.[001-300].jpg"前的三角形按钮，再单击"Transform"前的三角形按钮，展开层属性编辑参数。将"Scale"参数由"100,100%"修改为"100,-88.3%"，使其倒过来，如同倒影一样，如图2-33和图2-34所示。

提 示

需要说明的是，倒影效果需要将图形进行翻转，这只适合平行或透视较少的图形，而透视较大或接触点不在一条水平线上的图形在制作倒影时会出现错误。另外After Effects也有许多外挂插件可以创建倒影效果。

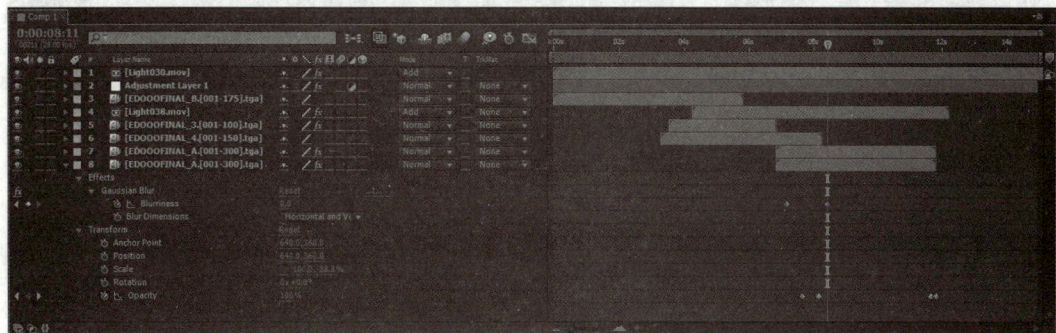

图2-33

图2-34

STEP33 单击选中时间线面板中的层7"EDOOOFINAL_A.[001-300].jpg"文件，在工具栏里面选择"Rectangle Tool"，在视图的右下方画出一个矩形框。单击"Mask"前的三角形按钮，展开蒙板属性，编辑参数。选择模式为"Subtract"，"Mask Feather"设置为"75.0,75.0 pixels"，让画面产生倒影渐隐的效果，如图2-35和图2-36所示。

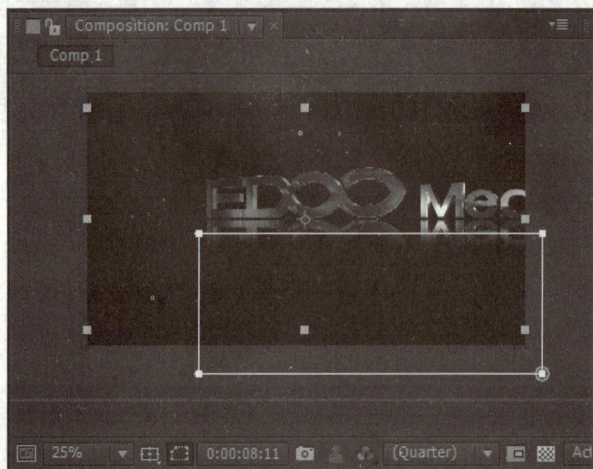

图2-35

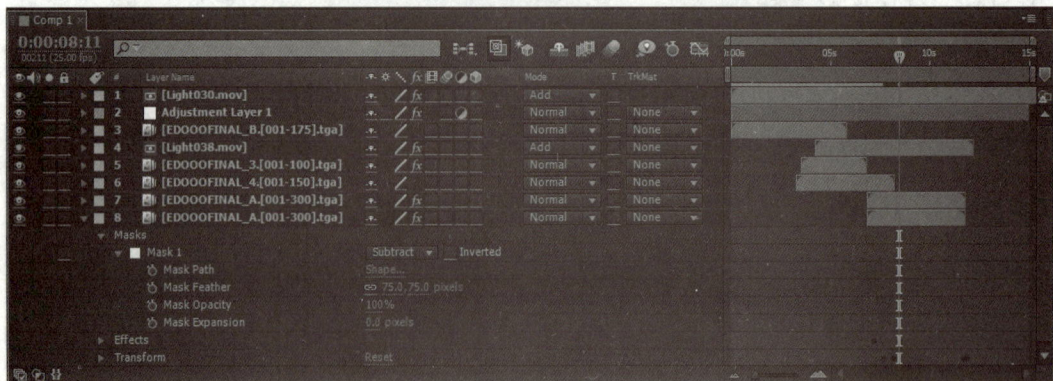

图2-36

STEP**34** 执行"File"→"Import"→"File"命令，弹出"Import File"对话框，选择素材文件"logo11.ai"，单击"OK"按钮，完成素材导入。在"Project"面板中单击"logo11.ai"素材不放，将"logo11.ai"素材拖到Comp1中。单击选中"logo1 logo11.ai 1"素材，将时间指针移动到0:00:11:07处，按"["键。选中的图层将会从时间指针处开始，如图2-37所示。

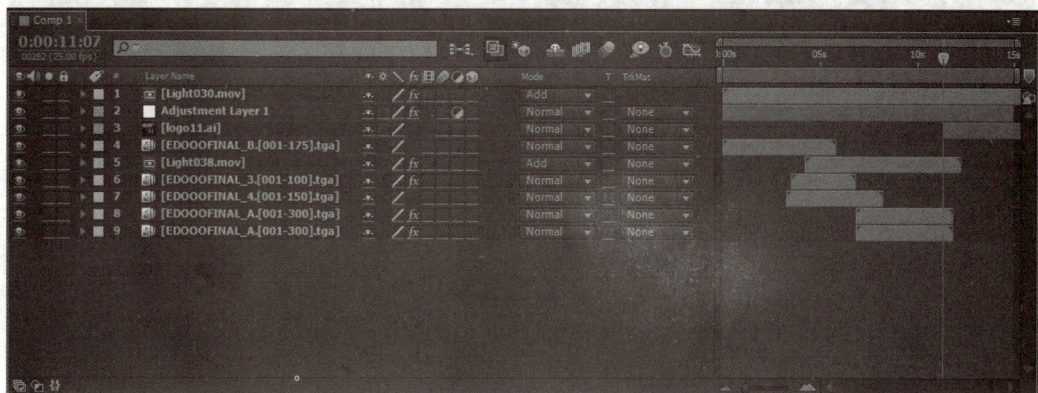

图2-37

STEP**35** 单击时间线面板中的层2"logo11.ai"前的三角形按钮，再单击"Transform"前的三角形按钮，展开层属性编辑参数。

将"Positon"调整为"640.0,332.0"，"Scale"调整为"13.9,13.9"。

设置关键帧的不透明度，如图2-38所示。

在0:00:11:09处设置"Opacity"为0。

在0:00:11:19处设置"Opacity"为100。

在0:00:13:07处设置"Opacity"为100。

在0:00:14:22处设置"Opacity"为0。

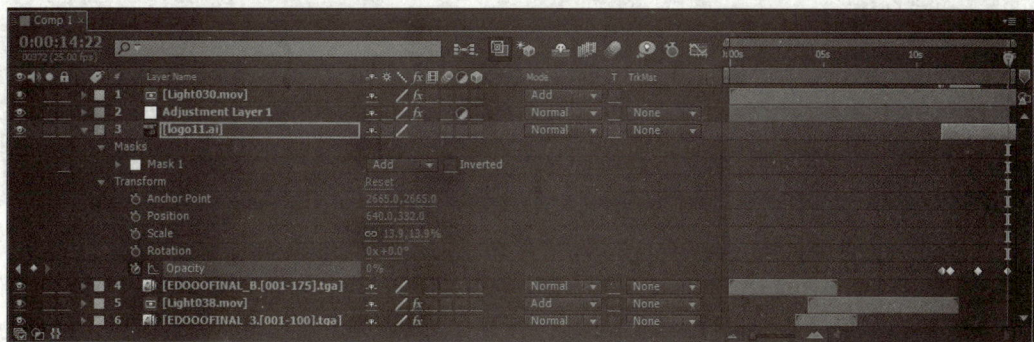

图2-38

STEP**36** 执行"File"→"Import"→"File"命令，弹出"Import File"对话框，选择本实训素材文件夹中的素材"0016_01_HexaTech_A2.mov"，单击"OK"按钮，完成素材导入。

在"Project"面板中单击"0016_01_HexaTech_A2.mov"素材不放，将"0016_01_HexaTech_A2.mov"素材拖到Comp1中。单击选中"0016_01_HexaTech_A2.mov"素材，将时间指针移动到0:00:10:23处，按"["键。选中的图层将会从时间指针处开始，如图2-39所示。

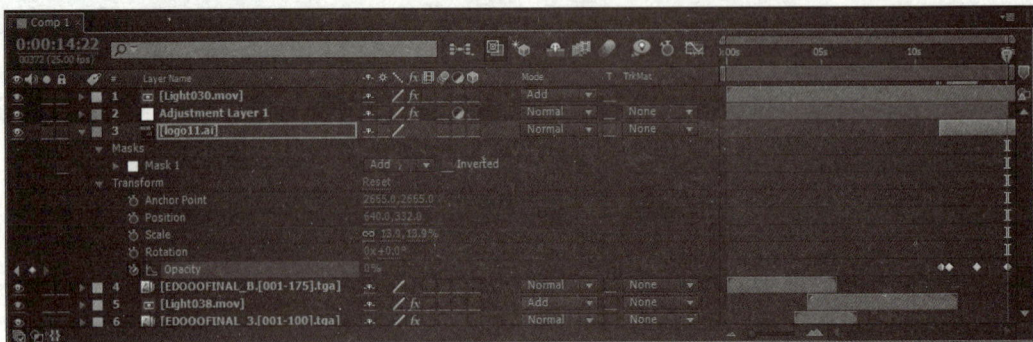

图2-39

STEP 37 单击时间线面板中的层10 "0016_01_HexaTech_A2" 前的三角形按钮，再单击 "Transform" 前的三角形按钮，展开层属性编辑参数。调节 "Anchor Point" 为 "217.0,250.0"，调节 "Position" 为 "834.3,350.5"，调节 "Scale" 为 "72.6,72.6%"。

设置关键帧的不透明度，如图2-40所示。

在0:00:11:02处设置 "Opacity" 为0。

在0:00:11:04处设置 "Opacity" 为100。

在0:00:11:15处设置 "Opacity" 为100。

在0:00:11:17处设置 "Opacity" 为0。

将层的持续时间设置为1秒。

图2-40

STEP 38 在工具栏里面选择 "Ellipse Tool" ，在Media中画出一个矩形框。单击 "Mask" 前的三角形按钮，展开蒙板属性，编辑参数。设置 "Mode" 为 "Add"，蒙板羽化设置为 "75.0,75.0" 像素。为加强效果，按Ctrl+Shift+D组合键复制一个图层，如图2-41所示。

提 示

在制作粒子或光线特效时，会经常使用这种方式调整素材亮度。如果直接调整素材亮度，由于素材光斑的半径较小，会导致过曝的情况出现，使用这种方法可以有效地避免过曝。

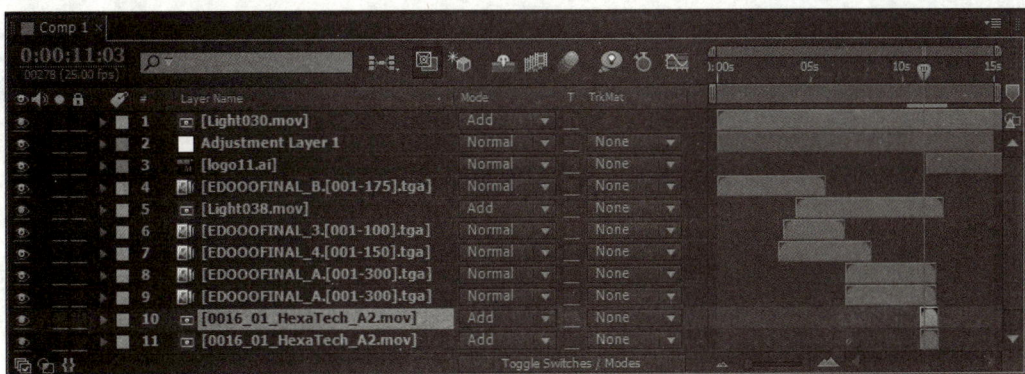

图2-41

STEP 39 为了统一整个片头的色调，执行 "Layer" → "New" → "Solid" 命令，新建一个黑色的固态层。单击时间线面板中的层12 "Black Solid 1" 文件，执行 "Effect" → "Generate" → "4-Color Gradient" 命令，修改 "Color1" 颜色为#111101，修改 "Color2" 颜色为#070928，修改 "Color3" 颜色为#290529，修改 "Color4" 颜色为#000000，如图2-42所示。

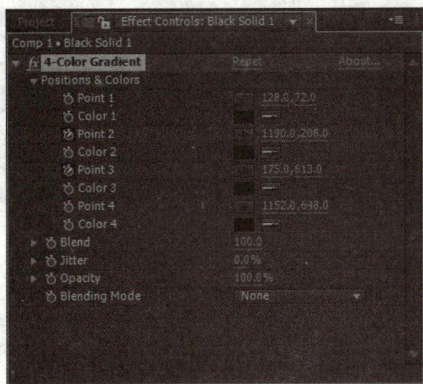

图2-42

STEP 40 按小键盘数字键 "0" 进行预览，调整细节。按Ctrl+S组合键保存，如图2-43所示。

图2-43

AE 知识点拓展

知识点1　New Composition（新建合成窗口）

执行"Composition"→"New Composition"命令，弹出"Composition Settings"对话框，对新合成视频的名称、尺寸、帧数、时间长度做预设置，如图2-44所示。

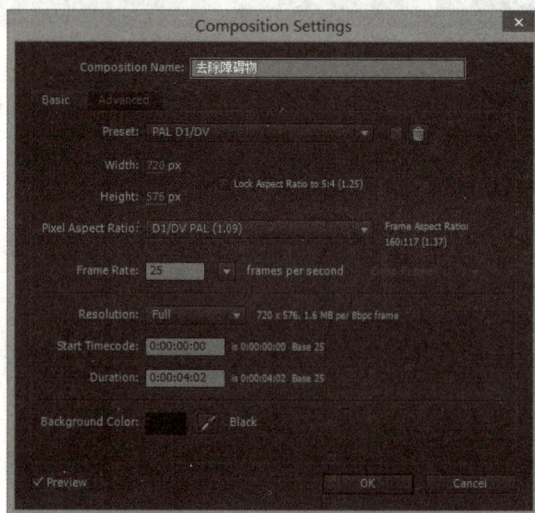

图2-44

知识点2　在时间线面板内剪辑操作素材

1. 时间线光标基本操作

调整时间线光标的位置也有多种方法，可以直接在时间轴上拉动时间线光标，来调整时间线光标的位置。按Ctrl+←或Ctrl+→可向前或向后单帧移动时间线光标。还可以在时间线面板左上方的当前时间面板中输入自己想要的时间点，如0:00:10:23，此时的时间线光标会自动跳到0:00:10:23处，如图2-45所示。

图2-45

执行"Edit"→"Split Layer"命令，打断素材并生成新的层。选中多个层后使用该命令，可同时打断被选中的素材。

2．改变素材持续时间

在时间线面板中可以对素材进行排列，也可以修改素材的持续时间。将鼠标移动到素材开始或结尾处，将会出现提示光标，此时可以选择拉长或缩短素材的持续时间。合成中的素材文件长度受其客观时间长度影响，例如，一个长度为五分钟的视频素材文件，不可能把它拉长，而是让它的持续时间变为7分钟。

> **提 示**
>
> 压缩素材时间的方法有很多，最快捷的方式是在"Timeline"面板中找到"Duration"选项，单击时间参数，弹出"Time Stretch"面板，将"Stretch Factor"参数调整到100%以下，时间就会被压缩。如果时间被拖长也可以，但会造成画面跳帧。

3．素材排列

当时间线面板中有多个素材时，选中所有素材，执行"Animation"→"Keyframe Assistant"→"Sequence Layers"命令，弹出"Sequence Layers"对话框，单击"OK"按钮，素材将自动首尾衔接排列。

使用"Sequence Layers"命令时，排列顺序默认为层顺序。若需要指定顺序，按住Shift键，按照自己想要的顺序单击素材，即可重新排列素材，如图2-46所示。

可将时间线光标移动到需要的位置。单击选中层，按"["键或"]"，选定的素材将会自动移动到时间线光标处开始或结束。

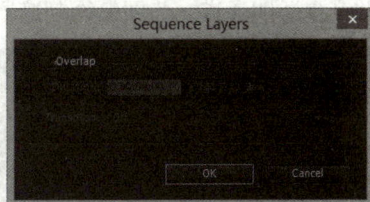

图2-46

知识点3 透明通道

"透明通道"的概念可以简单地理解为记录图片或图像透明信息的一种载体。该通道是一个8位的灰度通道，用256级灰度来记录图像中的透明度信息。在定义透明、不透明和半透明区域时，黑色表示全透明，白色表示不透明，灰色表示半透明，也称"Alpha通道"。图2-47和图2-48所示为带有透明通道的图片与其他图片叠加的效果对比。

图2-47

图2-48

> **提 示**
>
> Alpha通道是后期制作经常涉及的概念，在制作半透效果或调整对焦变化时会频繁用到。支持Alpha的文件格式也有很多，较为常用的有PSD、TGA等格式。

在Photoshop"通道"面板中可以看到图像的透明通道（Alpha）信息，如图2-49所示。

图2-49

知识点4 "Rectangle Tool" 工具

在预览区中使用"Rectangle Tool"工具（图2-50）可以为选中层中的素材绘制规则形状的"Mask"（遮罩）。

在默认状态下，绘制遮罩后，选框内的图像为显示状态，而选框外的图像则会被屏蔽，并产生透明通道。为图像绘制遮罩后，在时间线面板展开其属性编辑栏，如图2-51所示。

图2-50

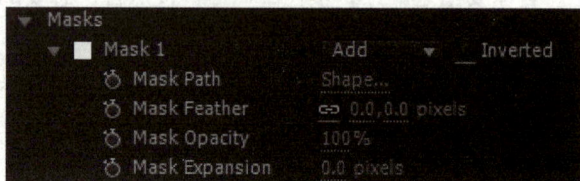

图2-51

- Mask Path：遮罩的路径，单击"Shape"参数可弹出其编辑对话框。
- Mask Feather：边缘羽化值设置。
- Mask Opacity：遮罩选区图像的透明度设置。
- Mask Expansion：能够扩展或收缩选区图像像素。这些参数都可以设置关键帧动画。
- Inverted复选框：当复选框被勾选时，遮罩反选。

在同一层图像中可绘制多个"Mask"层。在"Mask"选项可以设置其混合模式，可以调整图层间遮罩的相互影响，显现混合后的情况，默认状态的Mask层为"Add"模式，单击该按钮，弹出混合模式选择菜单，如图2-52所示。

- None：无遮罩模式。
- Add：相加模式。
- Subtract：相减模式。
- Intersect：交叠模式。
- Lighten：变亮模式。
- Darken：变暗模式。
- Difference：差值模式。

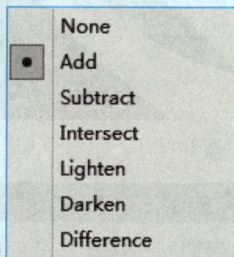

图2-52

遮罩是在点与点之间连接绘制而成的图形，选择"Selection Tool"工具，单击控制点可以调整遮罩的形状，按住Shift键可选择多个控制点。选择"Pen Tool"工具，按住Alt键的同时单击拖动控制点，可以调整手柄来修改遮罩形状。按住Alt键再次单击该控制点可恢复其形状。

> **提示**
>
> 也可以使用AI等外部软件进行Mask的绘制，对于一些复杂图形，是无法使用After Effects进行绘制的，因为工具的限制会造成绘制困难。值得注意的是，JPEG文件也是可以储存路径文件信息的。

知识点5 "Light"命令

执行"Layer"→"New"→"Light"命令，弹出"Light Settings"对话框，如图2-53所示。

在"Settings"选项区中各选项的含义如下。

- Light Type：调整灯光的模式。
- Color：调整灯光颜色设置。
- Intensity：调整灯光强度设置。
- Cone Angle：调整灯光角度设置。
- Cone Feather：调整灯光羽化值设置。
- Casts Shadows：勾选此复选框，激活其选项产生阴影。
- Shadows Darkness：调整阴影的明暗度。
- Shadows Diffusion：调整阴影漫射，可以理解为阴影的扩散。

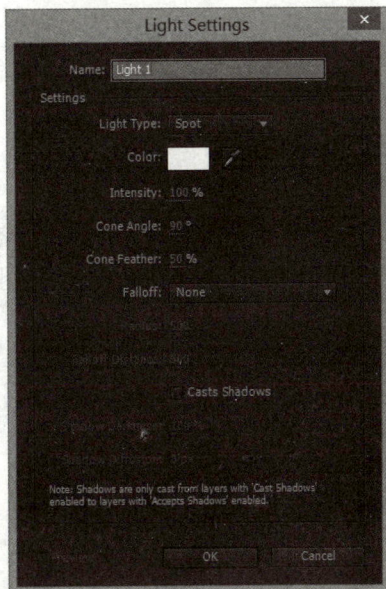

图2-53

> **提示**
>
> 灯光所投射的阴影并不是一定的，只有当激活"Casts Shadows"选项，且被照射物体打开了阴影选项，才能正确地投射阴影。

AE 独立实践实训

实训2 制作寝室宣传片

🖥 实训背景

以寝室成员元素制作一个长度为5s的寝室简介的视频，记录生活的点点滴滴。

🖥 实训要求

以突出寝室成员个性为目标，通过平面素材的动画设置，制作出一段视频，要求符合寝室的特色，片头在制作中应涉及遮罩、灯光层这两个技术点。

播出平台：多媒体
制式：PAL制

🖥 本实训掌握要点

技术要点：片头创意；素材准备；镜头合成；元素动画效果设置
问题解决：熟悉平面素材动画设置，掌握灯光层的应用，学会安装第三方插件
应用领域：影视后期
素材来源：无
作品展示：无

🖥 实训分析

📺 主要操作步骤

AE 职业技能考核

一、填空题

1. 新建摄像机后，将效果作用至目标层需要在层属性扩展中激活_____模式。

2. "透明通道"的概念可以简单地理解为记录图片或图像透明信息的一种载体。以_____图像形式存在没有其独立的意义，只有在依附于其他图像存在时才能体现其功能，也称为_____。

3. 在After Effects中，执行"Layer"→"New"→"Light"命令，弹出"_____"对话框。

二、单选题

1. 绘制遮罩后，选框外的图像为（　　）状态，选框内的图像为（　　）状态，并产生透明通道。

   A. 屏蔽；屏蔽

   B. 屏蔽；显示

   C. 显示；显示

   D. 显示；屏蔽

2. "透明通道"表现为黑白图像形式时，灰色区域为（　　）。灰色越深说明其透明度（　　），反之透明度（　　）。

   A. 半透明；越高；越低

   B. 半透明；越高；无影响

   C. 透明；越低；越高

   D. 透明；越低；无影响

三、多选题

1. 关于遮罩控制操作，下列描述正确的是（　　）。

   A. 选择"Selection Tool"工具，按住鼠标左键拖出虚线选框可以选择多个控制点

   B. 选择"Pen Tool"工具，将光标移至遮罩线框上，光标上会出现"+"符号，单击线框可添加控制点

   C. 选择"Pen Tool"工具，将光标移至控制点上，光标上会出现"-"符号，单击控制点可将其删除

   D. 选择"Selection Tool"工具，按住"Alt"键单击任意控制点可选择全部控制点

2. 关于调整时间线标位置的操作，下列描述错误的是（　　）。

   A. 按↑或↓键调整时间线标的位置

   B. 按←或→键调整时间线标的位置

   C. 拖动时间线标改变其位置

   D. 在时间线面板输入数值定位时间线标的位置

3. 下列选项中正确的是（　　）。

   A. 将时间线光标移动到需要的位置处。单击选中层按"["键，选定的素材将会自动移动，从时间线光标处开始或结束

   B. 将时间线光标移动到需要的位置处。单击选中层按"["键，选定的素材将会自动移动，从时间线光标处开始或结束

   C. 将时间线光标移动到需要的位置处。单击选中层按L键，选定的素材将会自动移动，从时间线光标处开始或结束

   D. 将时间线光标移动到需要的位置处。单击选中层按Ctrl+K组合键，选定的素材将会自动移动，从时间线光标处开始或结束

学习心得

01

02

03

04

05

06

07

08

09

制作跟踪整形效果

能力掌握：

掌握处理近景人物镜头画面和水珠类物体擦除修整的方法

重点掌握：

1. 掌握拆场的概念与方法
2. 掌握不同类型画面修整的思路与方法

知识目标：

1. 稳定器的使用方法
2. 场的概念和检测
3. 遮罩的概念
4. 相关特效的使用方法和应用范围

AE 模拟制作实训

实训1 制作跟踪整形效果

💻 实训背景

《少林古韵》是河南省推出的历史文化类型的人文宣传片，通过武术的表现方式向大家展示了百年古刹的文化和历史底蕴。一个个英姿飒爽的武僧、虎虎生风的武术动作与百年古刹的悠久格调形成了一幅屹立于中原大地的古老画卷。

💻 实训要求

修改画面中不需要的元素，去除环境中的障碍物。

播出平台：河南卫视及中央电视台
制式：PAL制

💻 实训分析

后期效果的添加是为了完成前期无法达到的效果或是对前期拍摄效果的调整。在本次实训中，为了给前期拍摄的效果添加后期特效，故需要对前期拍摄的运动素材进行跟踪处理。在该实训中，对素材中的人物进行跟踪，为了对其外形进行一定的整形处理，需要运用到AE里的内置特效"Mesh Warp"，该特效通过分割线对画面信息进行类似液化的效果处理，从而达到整形的目的。

💻 本实训掌握要点

设置素材出入点，稳定器的使用，"Mesh Warp"特效的使用，安全框的使用。

技术要点：判断场信息；稳定器使用要领；套用"Comp"层；"Mesh Warp"特效；添加安全框
问题解决：通过稳定器固定动态画面，使用特效修整画面，了解安全框的意义
应用领域：影视后期
素材来源：资料\素材文件\模块03\实训1\工程文件
作品展示：资料\素材文件\模块03\实训1\效果展示\跟踪整形.avi
操作视频：资料\操作视频\模块03

💻 实训详解

新建工程文件，导入素材

STEP 01 启动After Effects，在引导页对话框中单击"New Compositon"按钮，随即弹出

"Composition Settings"对话框，将名称更改为"跟踪整形"，设定"Preset"（预设置）为"PDL D1/DV"，设定"Resolution"（分辨率）为"Full"，设定时长为"0:00:05:00"，单击"OK"按钮，完成合成的基本信息设置，如图3-1所示。

提示

在设置时长时，也可以设置得稍长一些，在"Timeline"面板中设置工作区域可以留有余地，方便后期编辑。

STEP 02 执行"File"→"Import"→"File"命令，弹出"Import File"对话框，选择需要的素材文件"跟踪素材.avi"，单击"打开"按钮，如图3-2所示。

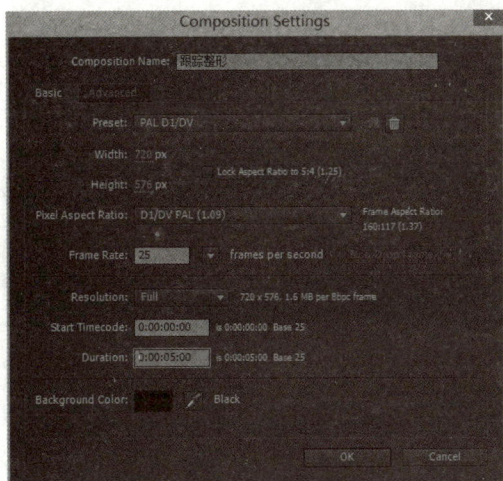

图3-1

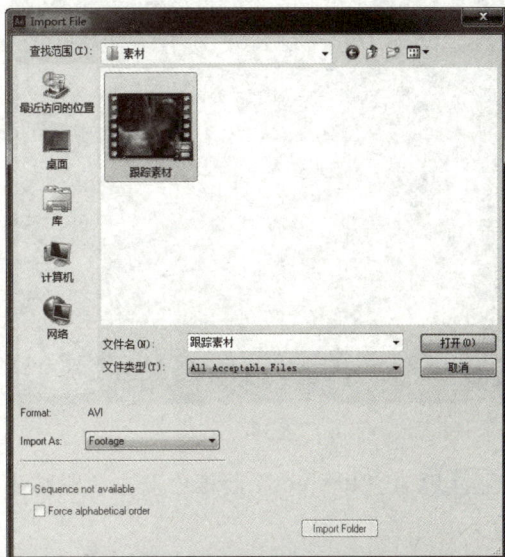

图3-2

STEP 03 在"Project"面板右击"跟踪素材.avi"，在弹出的快捷菜单中执行"Interpret Footage"→"Main"命令，如图3-3所示，弹出"Interpret Footage"对话框。

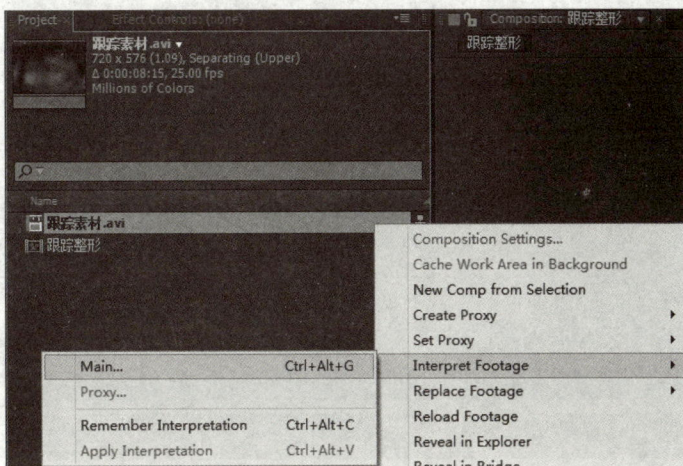

图3-3

STEP 04 在 "Fields and Pulldown" 选项组中的 "Separate Fields" 下拉列表中选择 "Upper Field First" 选项，单击 "OK" 按钮，完成场信息的设置，如图3-4和图3-5所示。

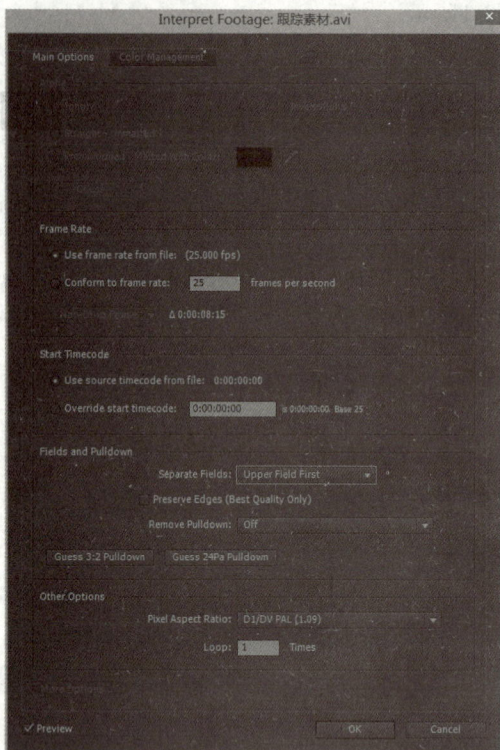

图3-4

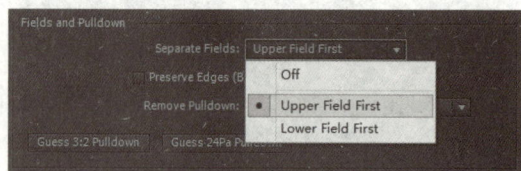

图3-5

STEP 05 在 "Project" 面板中双击 "跟踪素材.avi" 素材，将其在预览区中打开，如图3-6所示。

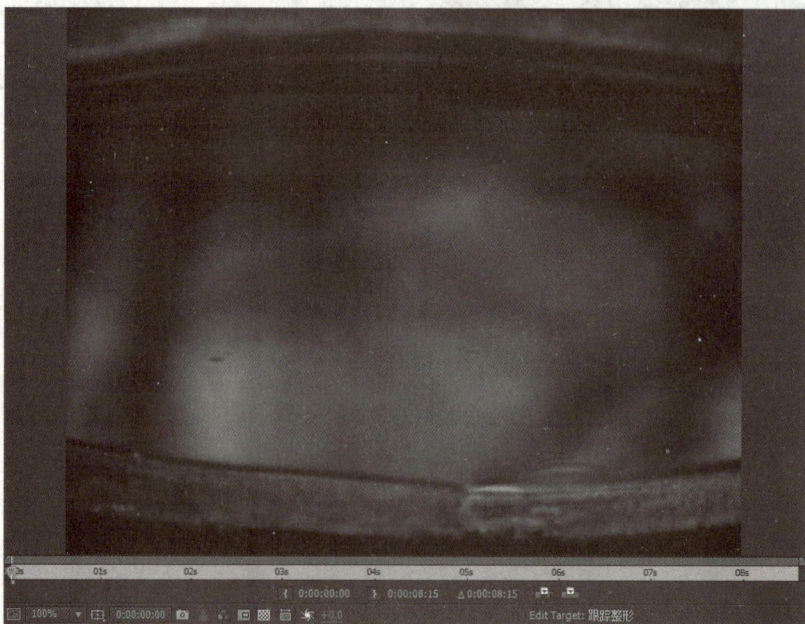

图3-6

提 示

　　预览区域和合成区域共享一个框架，初学者容易将两者混淆。当选中"Timeline"面板中某一个素材时，合成面板会自动弹出，而预览区域和合成画面相一致时会出现区分不清的结果。

STEP 06 单击预览区下方的调整时间按钮 ▆0:00:00:00▆，激活"Go to Time"对话框，输入数值"0:00:04:08"，单击"OK"按钮，时间线指针随即跳转到"0:00:04:08"位置。在素材4秒11帧位置处单击入点设置按钮 ◄0:00:00:00 设置素材入点位置，此时时间线上4秒11帧之前的素材变为灰色，而被保留的素材仍为蓝色，如图3-7所示。

STEP 07 单击调整时间按钮 0:00:00:00，激活"Go to Time"对话框，输入数值"0:00:07:00"，单击"OK"按钮，时间线指针随即跳转到"0:00:07:00"位置。在素材7秒位置处单击出点设置按钮 ►0:00:07:00，设置素材入点位置，此时时间线上7秒之后的素材变为灰色，而被保留的素材仍为蓝色，如图3-8所示。

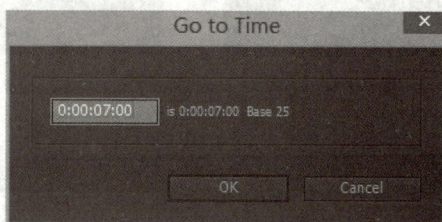

图3-7　　　　　　　　　　　　　　　　　　图3-8

跟踪画面运动轨迹

STEP 08 在时间线面板中，将时间线光标移动至0秒位置，在预览区下方单击"Overlay Edit"按钮，将素材添加至时间线面板。

STEP 09 将时间线指针移到素材的最后一帧，选中该段素材后按快捷键O，指针自动移到素材最末端，再按快捷键N，在时间线标尺下方的渲染条尾端自动到指针处，用鼠标右键单击渲染条，在下拉列表中执行"Trim Comp to Work Area"命令，如图3-9所示。

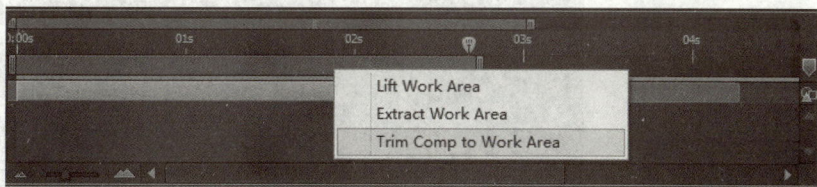

图3-9

STEP 10 在时间线窗口中，选中"跟踪素材.avi"，按Ctrl+C组合键复制该层，然后再使用Ctrl+V组合键粘贴复制的内容。选中层1，执行"Window"→"Tracker"命令，"Tracker"面板随即显现，单击"Stabilze Motion"（稳定器）按钮，导入"跟踪素材.avi"文件的相关信息，如图3-10所示。

STEP 11 在预览区画面中会出现稳定器的跟踪标点，确定时间线面板内的时间线光标位置为0帧，在预览区跟踪标点方框内按住鼠标左键，将其拖曳至角色头顶的天灵盖处。由于需要跟踪的画面移动幅度比较大，要适当地调整跟踪点的范围，拖动跟踪点外框，扩大跟踪范围，拖动跟踪点内框，将跟踪点范围扩大，确定跟踪点的选取范围，如图3-11所示。

图3-10

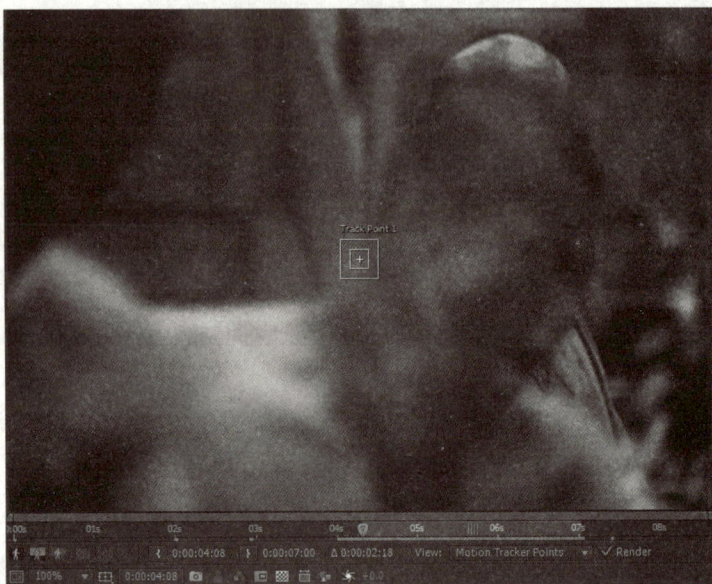

图3-11

✎ **提 示**

　　跟踪区域范围是把双刃剑，区域调大可以采样的像素会更多，增加运动主线的准确度，而受影响的像素也会增多，跟踪时标点抖动的幅度也会加大。

STEP **12** 单击"Tracker"面板"Analyze"中的播放按钮，开始自动跟踪画面。手动调整时间线光标的位置。跟踪时有些画面由于跟踪点被角色的水花遮挡，因此会出现跟踪点跳移的现象。移动时间线光标跳帧处，重新设定跟踪点的位置，单击"Tracker"面板"Analyze"中的播放按钮，再次进行自动跟踪。如此反复调整几次，将跟踪点确定至所需要的位置，如图3-12和图3-13所示。

图3-12

图3-13

STEP 13 这样就对图像的运动进行了跟踪，在时间线面板中将该层的小三角图标展开"Tracker 1"，可以看到自动跟踪下的关键帧，如图3-14所示。

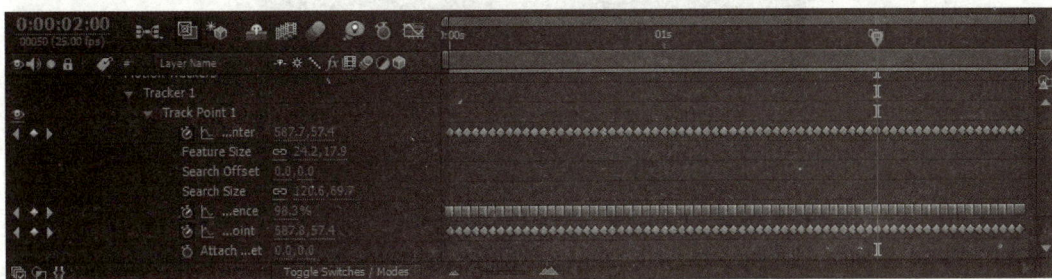

图3-14

STEP 14 单击"Tracker"面板中的"Apply"按钮，弹出"Motion Tracker Apply Options"对话框，选择默认参数，以X、Y轴方向固定画面，如图3-15所示。

STEP 15 将时间线指针调整到0:00:01:17帧的位置，预览区中的角色人物处于画面完全显现位置，拖动层1与预览区对齐，将图层的六个控制点对齐预览区边框，如图3-16所示。

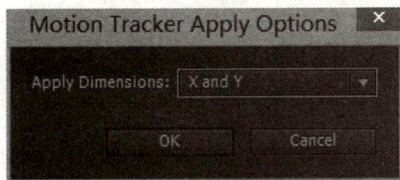

图3-15

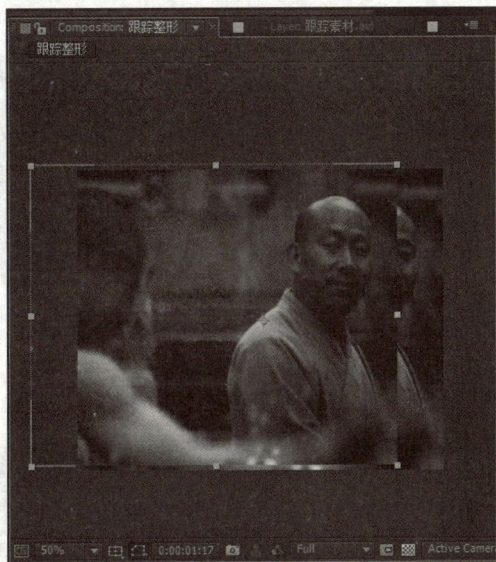

图3-16

使用特效修整脸形

STEP 16 下面对层1进行预合成设置，按Ctrl+Shift+C组合键，弹出"Pre-compose"对话框，将预合成名称更改为"整形层"。选中"Move all Attributes into the new composition"单选按钮，如图3-17所示。

📌 **提 示**

　　Pre-Compose预合成命令也是经常使用到的，当对素材进行整理时经常会使用到该命令。有时，对某个Compose制作了Mask等附加属性动画后，再制作其他属性动画会发现两个动画是相关联的。如果想分离两个动画，可以将已经做好一个动画的Compose做成预合成，这样合成属性重新清空，再次制作动画就不会冲突了。

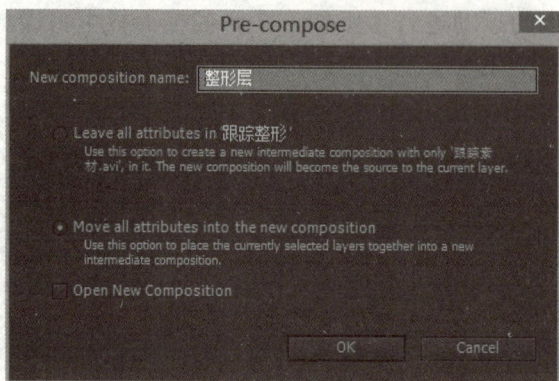

图3-17

STEP 17 下面开始对画面中的僧人进行一定程度的整形，使他更加具有佛态。确定时间线面板的时间线光标在0:00:04:21帧的位置，在时间线面板中选中"整形层"，执行"Effect"→"Distort"→"Mesh Warp"特效，添加特效后预览区图层中出现特效调整控制线框，如图3-18所示。

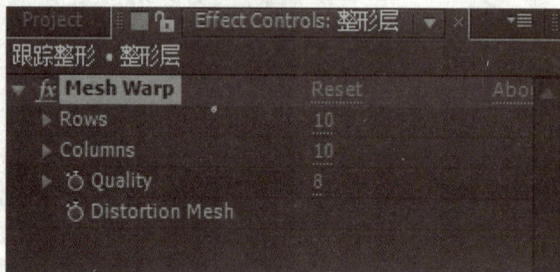

图3-18

STEP 18 在特效控制台面板中调整"Mesh Warp"的参数，将"Rows"设置为14、"Columns"设置为14，增加特效调整控制线框的数量，如图3-19所示。

图3-19

STEP 19 在预览区中，分别单击脸部周围控制线的交点，拖动交点，调整缩小角色的脸形，如图3-20所示。

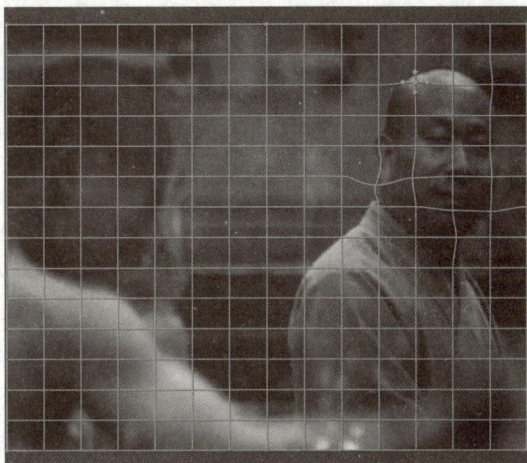

图3-20

STEP 20 双击"整形层"项目文件，展开"跟踪素材.avi"的三角扩展图标，选中"Feature Size"参数，选中所有关键帧，然后按Ctrl+C组合键复制该参数信息，如图3-21所示。

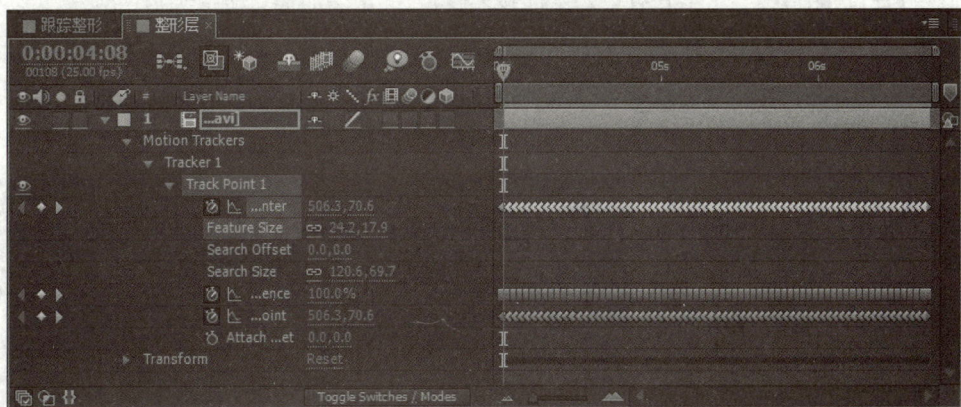

图3-21

STEP 21 选中"整形层"，按快捷键P，该层的位置参数显现，将时间线指针移动至"0:00:00:08"位置，按Ctrl+V组合键将之前复制的关键帧进行粘贴，使其与跟踪图像画面相匹配，如图3-22所示。

图3-22

这是一种属性快捷调整方式。以此类推，可以选中图层，按快捷键R键直接打开旋转属性，并且只会展开旋转一个属性，这样可以留出编辑的空间。

STEP 22 在时间线面板中单击脸部修型标签，打开其项目工程文件。单击选中层1文件后按P键，单击"Postion"按钮，将时间线光标移至第0帧位置，按Ctrl+V组合键粘贴关键帧。

STEP 23 人物运动虽然完全匹配但位置和原图还是有一定的差异，选中层1，按快捷键T，将该层的不透明度更改为50%，这是为了通过降低不透明度，从而发现层1同层2之间的位置偏差，如图3-23所示。

图3-23

STEP 24 单击层1，按快捷键P，将该层的位置参数展开，选中所有的关键帧，在预览区中手动调整层1与层2的位置，力求与之重合。调整后将层1的不透明度数值更改为100%。

STEP 25 单击预览窗口下方的 ▦（改变网格和网格参数）按钮，在下拉菜单中执行"Title/Action Safe"命令，在预览窗口中可以看到预览器的安全框显示在画面中，按0键，预览动画效果并观察是否有画面变形至安全框外框，如图3-24和图3-25所示。

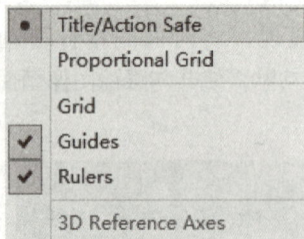

图3-24

图3-25

安全框是一种有效的界定方式，分为Title和Action两部分，Title框以内用于运动字体显示。在Photoshop中创建新的视频文件尺寸的画面时，也会同时附带8条参考线，就是用来界定安全框的。

实训2 修正去除画面杂物

🖥 实训背景

本实训为《少林古韵》的第二章，通过早晨练武镜头展现出少林的世外生活，通过武术的表现方式向大家展示了百年古刹的文化和历史底蕴。

🖥 实训要求

对前期拍摄素材出现的杂物进行删除的同时保证画面的完整性。

播出平台：河南卫视及中央电视台
制式：PAL制

🖥 实训分析

对画面的播放速率进行控制，能够达到想要的运动效果，同时去除掉画面中的杂物，以增强画面的完整性和观赏性。

🖥 本实训掌握要点

调整播放速率拆场，擦除画面中的杂物，绘制遮罩，调整画面色彩以匹配镜头

技术要点：拆场；"CC Simple Wire Removal"特效；绘制遮罩；"Curves"特效
问题解决：了解拆场的概念和作用，掌握新的特效内容，学会使用钢笔工具绘制遮罩
应用领域：影视后期
素材来源：资料\素材文件\模块03\实训2\工程文件\素材\障碍物.avi
作品展示：资料\素材文件\模块03\实训2\效果展示\障碍物.avi
操作视频：资料\操作视频\模块03

🖥 实训详解

新建工程文件，导入素材

STEP 01 启动After Effects CS6，在引导页对话框中单击"New Composition"按钮，弹出"Composition Settings"对话框，在"Composition Name"中更改合成名为"去除杂物"，单击"OK"按钮，完成设置，如图3-26所示。

STEP 02 执行"File"→"Import"→"File"命令，弹出"Import File"对话框，选择素材"障碍物.avi"，单击"打开"按钮，如图3-27所示。

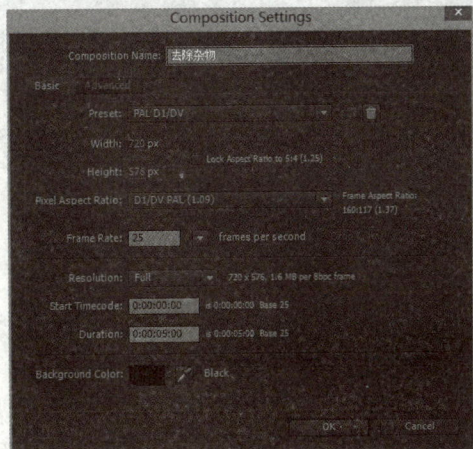

图3-26

01

02

03

04

05

06

07

08

09

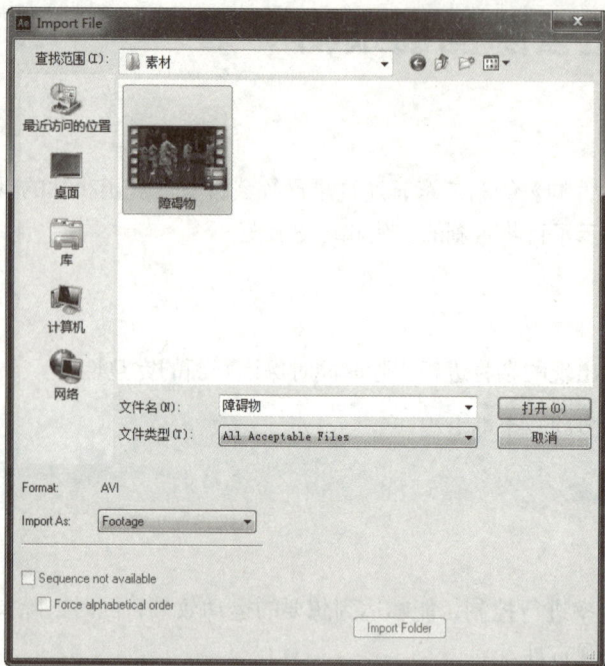

图3-27

STEP 03 单击"Project"面板，右击，执行"Interpret Footage"→"Main"命令，弹出"Interpret Footage"对话框，如图3-28和图3-29所示。

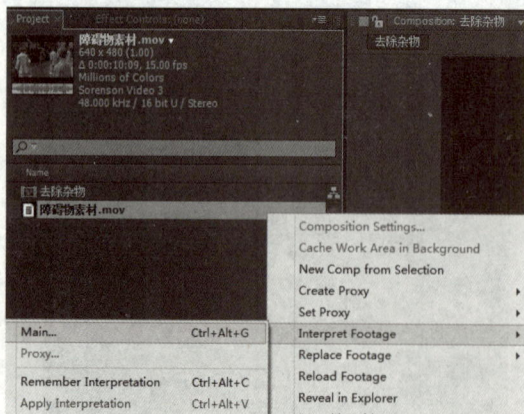

图3-28

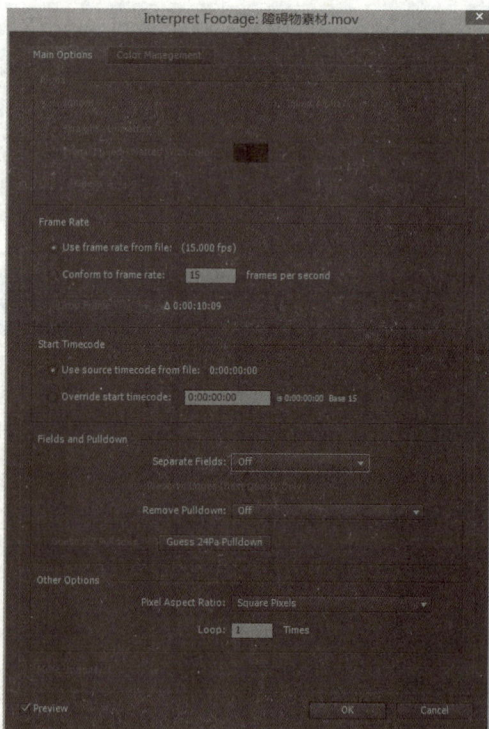

图3-29

STEP 04 在"Fields and Pulldown"栏中的"Separate Fields"下拉列表中选择"Upper Field

First"选项，单击"OK"按钮，完成场信息设置，如图3-30所示。

图3-30

STEP 05 在"Project"面板中双击素材，将其在预览区中打开。在预览窗口中单击图标 `0:00:00:00` ，弹出"Go to Time"对话框，在对话框中输入"0:00:01:09"，单击"OK"按钮，然后单击预览窗口下方的入点按钮 `0:00:00:00` ，如图3-31所示。

STEP 06 单击图标 `0:00:00:00` ，弹出"Go to Time"对话框，输入时间"0:00:02:00"，单击"OK"按钮。时间指针跳转至"0:00:02:00"处，如图3-32所示，单击出点按钮 `0:00:02:00` ，将指针指向0秒位置，单击插入输出按钮 ，素材随即进入到时间线面板中。

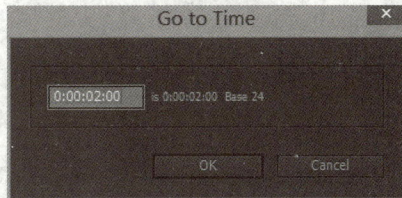

图3-31   图3-32

STEP 07 在时间线面板左下角找到图标并单击，展开素材速率面板，单击"Stretch"栏下的数字编辑区"100%"，弹出"Time Stretch"对话框，在"Time Stretch"对话框中将"Stretch Factor"数值更改为200，单击"OK"按钮，素材播放速率延迟1倍，从而达到拆场的目的。再次单击图标，关闭素材速率面板，完成素材的导入，如图3-33所示。

图3-33

使用特效去除画面中的障碍物

STEP 08 下面开始本次实训主要效果的制作，把前期拍摄到的一些不需要的物体"去除掉"。视频拍摄的物体在后期处理上只能对齐添加不能对其减少，否则画面会有损失，变得不够完整，所以在这里开始对拍摄前期不需要的物体进行去除。

在剪辑时间线面板，选中"障碍物.avi"，执行"Effect"→"Keying"→"CC Simple Wire"命令，添加完成特效后，回到特效控制台中，对特效进行参数的调整。

可以发现对素材添加完特效后，预览区中的图层上出现了两个特效控制点，在特效控制台中，单击特效"Point A"的取值按钮，在预览区图层中出现调整A点位置的十字交叉坐标线，如图3-34所示。

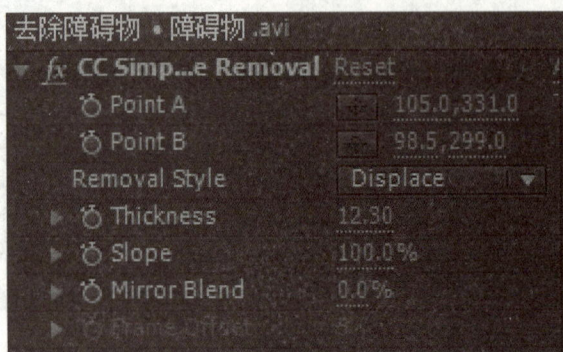

图3-34

STEP 09 单击画面中需要去除物体的上方，可以看到特效控制点的位置就放置在单击处。同样单击"Point B"的取值按钮，在预览区图层中出现调整A点位置的十字交叉坐标线，单击画面中需要去除物体的下方，如图3-35和图3-36所示。

图3-35

图3-36

STEP 10 将特效控制点的位置放置好后，开始对画面施加效果。在特效控制台中找到"Thickness"参数，将参数更改为14.90。单击特效"Point A"和"Point B"前的关键帧记录器，将其激活，在时间线面板中，将时间线光标移至最后一帧，调整"Point A"和"Point B"的坐标到画面中障碍物的上方和下方，力求通过周围环境的容差值将其掩盖，同时也能保证画面的统一，如图3-37所示。

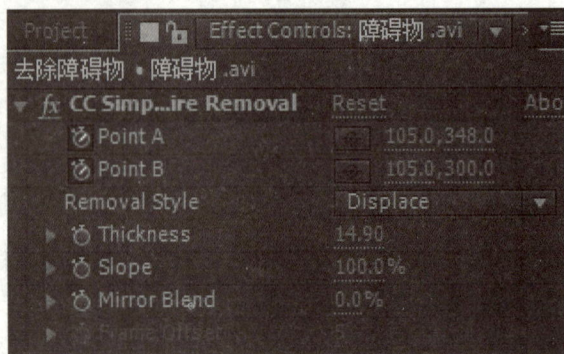

图3-37

提示

画面精度的调整在"Comp"面板中，有四种选项，分别是FULL、Half、Third和Quarter。当编辑素材时，如果过于复杂，例如特效过多，会导致计算机运算缓慢，如果内存太小会导致无法完全预览，可以降低画面精度来预览动画。但在精细地调整某一帧画面时，需要Full显示，这样才可以观察到实际的画面。

STEP 11 将预览区画面显示大小调整为100%，并将画面精度调整为"Full"，将时间线指针跳转至时间线的中间位置。调整"Point A"和"Point B"的坐标位置，观察预览区的画面是否有穿帮镜头，如图3-38所示。

图3-38

为画面添加所需要的像素

STEP 12 以上步骤是对画面中杂物的去除操作，下面开始向画面中添加/复制需要的物体。

在时间线面板中选中障碍物素材，按Ctrl+C组合键进行复制，然后按Ctrl+V组合键进行粘贴。选中层1，在特效控制台中将特效按delete键进行删除。

选中层1，按快捷键T展开该层透明度选项，调整其参数为50%，按快捷键P键展开其位置参数，调整参数值为"468.0,288.0"，或直接在预览窗口中拖曳画面移动，如图3-39所示。

图3-39

STEP 13 选中层1，将时间线指针移动至最后一帧位置，选择工具栏中的钢笔工具，对图层1绘制Mask。利用钢笔工具将需要显现的物体圈选出来，在时间线面板中调整"Mask"参数，找到"Mask Feather"参数，更改其数值为5。这样可将添加的物体更好地融入环境中，如图3-40和图3-41所示。

提示

Curves特效类似于Photoshop中的曲线滤镜，相对应的还有Level和Hue等滤镜。在After Effects中的Color Correction特效集中可找到对应的特效，其界面也具有高度的相似性。这几个特效都是经常使用的调色特效。

图3-40

图3-41

STEP 14 选中层1，按快捷键T展开该层的透明度选项，调整其参数为100%，执行 "Effect" → "Color Correction" → "Curves" 命令，在特效面板中调整特效曲线，调整层1 画面的亮度以达到同层2相匹配，如图3-42所示。

STEP 15 单击快捷键0进行画面预览察看效果，如图3-43所示。

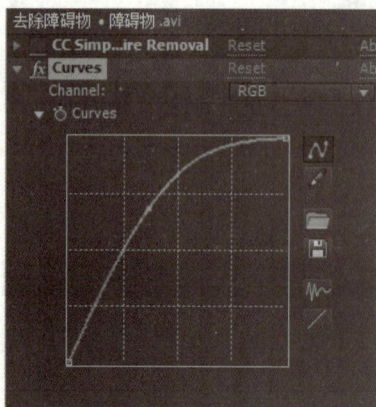

图3-42

图3-43

AE 知识点拓展

知识点1 "Title/Action Safe" 安全框

在"Composition"（预览区）左下方单击"Choose Grid and Guide Options"按钮，可以从弹出菜单中选择不同的视图参考线，通常情况下最常用的就是"Title/Action Safe"安全框。"Title/Action Safe"安全框是作为电视播出的重要参考，分为内框与外框，这两种框分别限制画面中出现的字幕和图像。画面中的重要字幕信息应该放置在内框之中，避免在播放时不能够完整显现出来，重要的显示画面要保留在外框以内，如图3-44和图3-45所示。

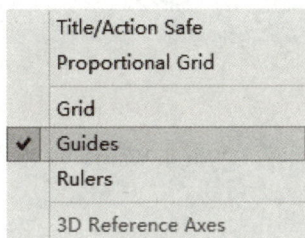

图3-44

图3-45

知识点2 素材文件的场信息

在After Effects中，有时候需要对导入的视频素材进行场频的检测，这时候就应该在"Project"面板中选中视频文件，然后按Ctrl+Alt+G组合键，弹出"Interpret Footage"对话框，将"Separate Fields"选择为"Off"，单击"OK"按钮。

在合成面板预览区可以观察到画面边缘出现的锯齿状现象，之所以出现这样的锯齿状是由于隔行扫描中的"场"所造成的。画面中显示的图像实际上是由两条叠加的扫描折线组成的。所以，电视显示出的图像是由两个场组成的，每一帧被分为两个图像区域（也就是两个场）。将素材播放速率调整为"200.0%"，放慢一倍速率播放，这样操作后，就将每场的信息作为一帧画面来播放，也就是通常所说的"拆场"，如图3-46所示。

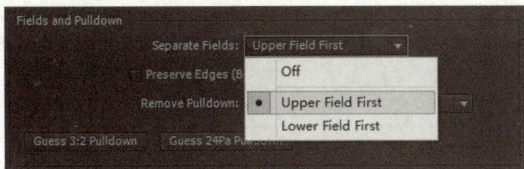

图3-46

AE 独立实践实训

实训3　画面修整之调整人物形体

🖳 实训背景

少林古韵是河南省推出的历史文化类型的人文宣传片，通过对少林寺这一富有历史内涵的文明古刹进行展示，体现中原地区的人文特色。

🖳 实训要求

由于画面中存在前期拍摄不足的地方，需要后期对人物的外形外貌进行修正，以使得画面更加完美真实。在对画面进行跟踪调整时，要符合镜头运动规律，不得出现跳帧抖动等问题。

播出平台：多媒体及地方电视台

制式：PAL制

🖳 本实训掌握要点

技术要点：判断场信息；稳定器使用要领；套用"Comp"层；"Mesh Warp"特效

问题解决：结合使用特效修整画面

应用领域：影视后期

素材来源：资料\素材文件\模块03\实训3\素材\少林劈砖.avi

作品展示：无

🖳 实训分析

🖥 主要操作步骤

01

02

03

04

05

06

07

08

09

AE 职业技能考核

一、填空题

1. "Curve" 特效属于 "Effect" 菜单下的_____特效组。

2. 在时间线窗口中的文件上绘制了 "Mask" 之后，双击Mask可以展开其_____。

3. 要对素材进行拆场设置，在 "_____" 面板中进行调整。

二、单选题

1. 修改时间线层文件的播放速率时，数值大于100%时播放速度（   ），数值小于100%时播放速度（   ）。

    A. 加快；减慢

    B. 减慢；加快

    C. 不变；加快

    D. 减慢；不变

2. 对画面进行跟踪时，需要将跟踪面板打开，下列打开方式正确的是（   ）。

    A. 在菜单中单击图层，执行跟踪器命令

    B. 利用Ctrl+H组合键

    C. 在菜单中单击窗口，执行跟踪器命令

    D. 利用Ctrl+R组合键

三、多选题

1. 预览区中 "Title/Action Safe" 安全框被激活使用时，下列描述正确的是（   ）。

    A. 安全框外框为字幕安全参考线，内框为画面安全参考线

    B. 安全框内框为字幕安全参考线，外框为画面安全参考线

    C. 安全框是制作用于电视播出项目的重要参考之一

    D. 不是所有制作项目都需要安全框参考线

2. 在After Effects CS6中，对于绘制 "Mask" 遮罩的描述正确的是（   ）。

    A. 可以用钢笔工具 "Pen Tool" 绘制自由遮罩

    B. 可以用矩形和椭圆遮罩工具绘制规则遮罩

    C. 可以在准备建立遮罩的目标层上右击鼠标，选择 "Mask" → "New" → "Mask" 命令，绘制各种遮罩

    D. 可以利用在Adobe Photoshop CS6或Adobe Illustrator CS6中绘制的路径作为遮罩

3. 以下选项中，（   ）特效命令不可以调整修改画面的亮度信息。

    A. "Mesh Warp"

    B. "Ramp"

    C. "CC Simple Wire Removal"

    D. "Curves"

实训参考效果图:

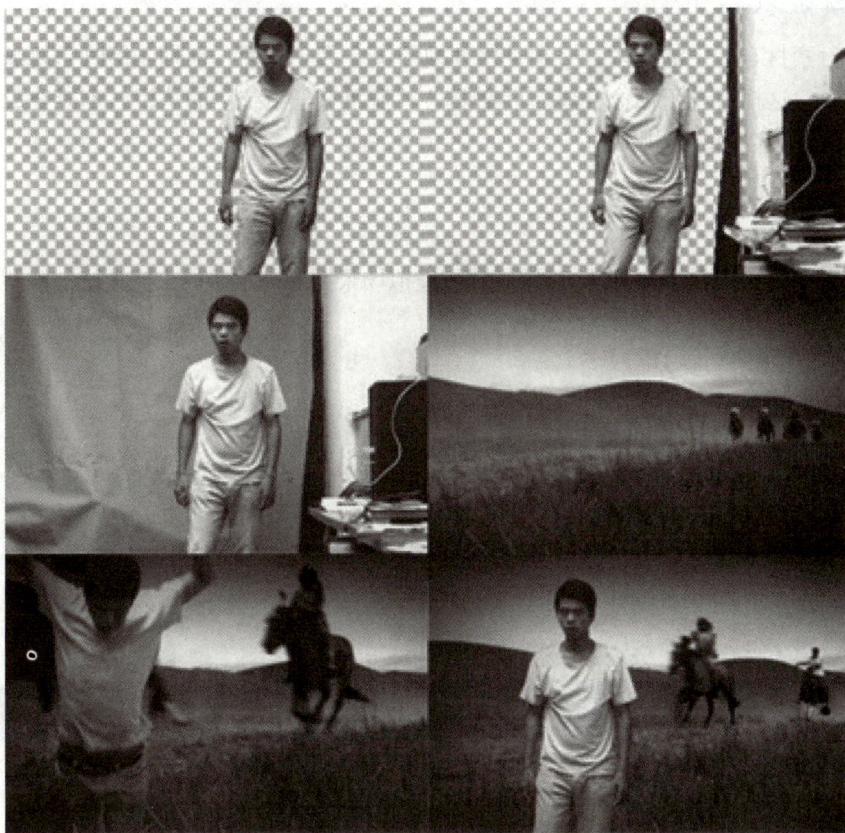

能力掌握:

掌握处理影视特效制作中抠像和抠像背景合成的应用

知识目标:

1. "Color Range" 抠像特效的使用方法
2. 动态Mask遮罩的处理

重点掌握:

1. 掌握抠像技术
2. 掌握抠像合成背景技术

AE 模拟制作实训

实训1 绿屏抠像

🖥 实训背景

抠像技术被广泛运用到电视台的节目包装中。在本次实训中，通过对人物进行抠像并同蒙古草原进行融合，虚拟合成空间转移的效果。

🖥 实训要求

前期对素材有一定的要求，必须是序列帧图像。另一方面，前期拍摄时需要绿色背景幕布作为衬底，这样有利于抠像合成。后期要求对画面有一个统一的认识，不能合成得过于生硬，应符合现实空间的透视原理。

🖥 实训分析

在该实训的制作中，将通过"绿屏拍摄+虚拟场景"的技术手段来完成。

🖥 本实训掌握要点

技术要点："Color Range"特效的使用
问题解决：绿屏拍摄抠像处理，抠像背景合成处理
应用领域：影视后期
素材来源：资料\素材文件\模块04\实训1\工程文件
作品展示：资料\素材文件\模块04\实训1\效果展示\绿屏抠像.avi
操作视频：资料\操作视频\模块04

🖥 实训详解

新建工程文件，导入素材

STEP01 启动After Effects CS6，在引导页对话框中单击"New Composition"按钮，弹出"Composition Settings"对话框，在"Composition Name"中更改合成名为"绿屏抠像"，单击"OK"按钮，完成设置，如图4-1所示。

STEP02 执行"File"→"Import"→"File"命令，在"Import File"对话框中，选择本实训素材文件夹中的序列素材文件，选中对话框左下方的"PNG Sequence"复选框，单击"OK"按钮，完成素材导入，如图4-2所示。

> 📌 **提　示**
>
> 在导入序列帧动画时，由于图片序列的文件类型不同，XXX Sequence复选框会根据文件类型的变化而变化，如Jpg Sequence等。

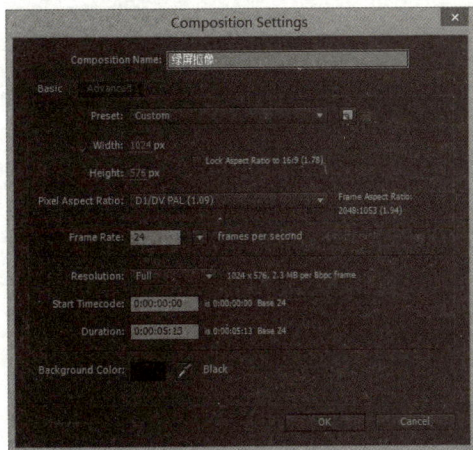

图4-1

图4-2

STEP 03 在 "Project" 面板中右击 "00015-[00095].png" 素材，在弹出的快捷菜单中执行 "Interpret Footage" → "Main" 命令，如图4-3所示，弹出 "Interpret Footage" 对话框。

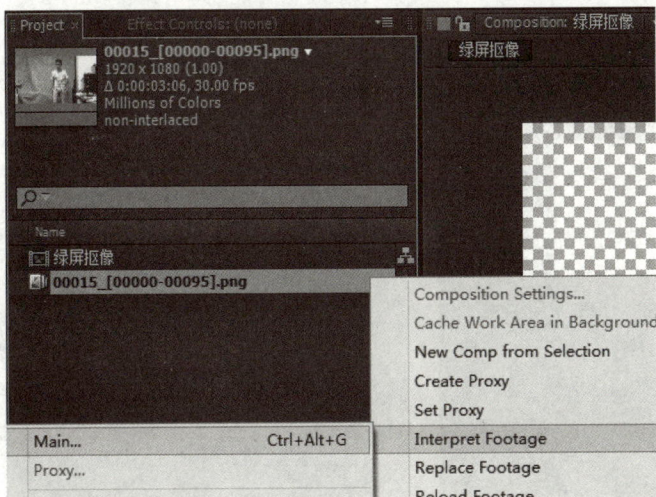

图4-3

STEP 04 在 "Fields and Pulldown" 选项组中的 "Separate Fields" 下拉列表中选择 "Upper Field First" 选项，单击 "OK" 按钮，完成场信息的设置，如图4-4和图4-5所示。

STEP 05 在 "Project" 面板中，利用鼠标将 "00015-[00095].png" 素材拖曳至面板下端的创建新合成图标 。

STEP 06 在时间线面板中，选择 "00015-[00095].png" 素材层，对其添加抠像特效，为的是将图像中年轻人的动作抠下来，以便于将人物合成到其他环境中。执行 "Effect" → "Keying" → "Color Range" 命令，该抠像特效的功能非常强大，然后对素材进行抠像参数的调整，如图4-6和图4-7所示。

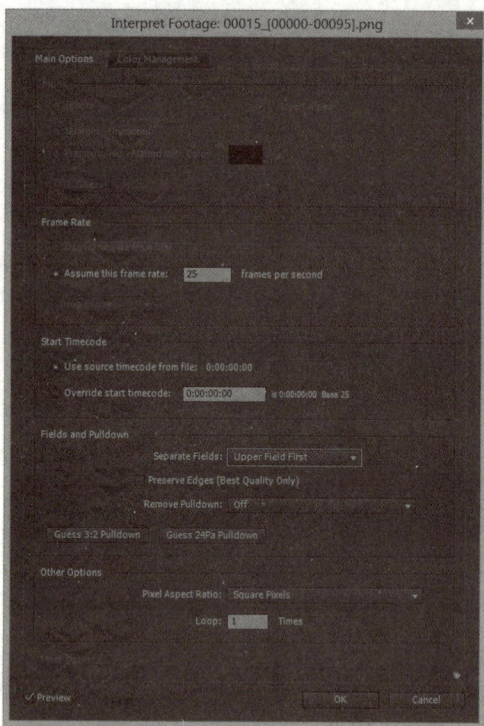

图4-4

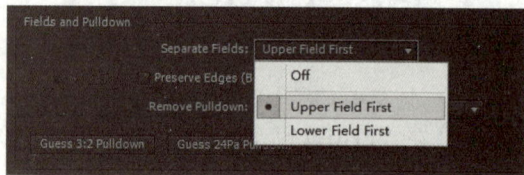

图4-5

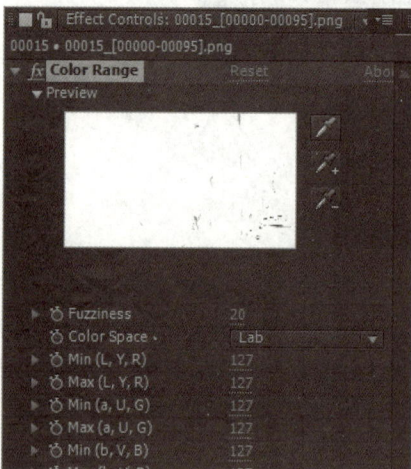

图4-6

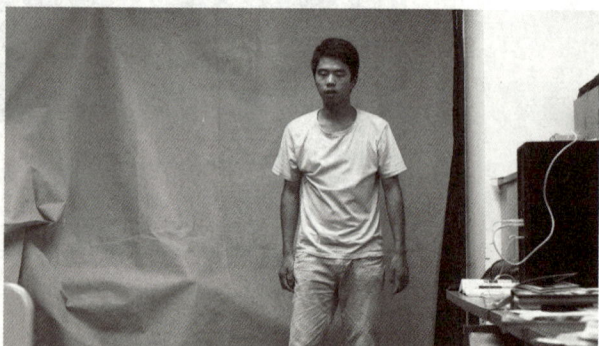

图4-7

STEP 07 在特效控制台中，找到"Color Space"参数，在其下拉菜单中选择"YUV"选项，它表示的是色差信号值，有利于在绿色背景下对人物的抠像处理，如图4-8所示。

STEP 08 在特效控制台中的"Preview"中可以看到有三种吸管工具，吸管工具 ✔ 用于吸取画面中不需要的像素，当利用吸管工具对旁边的"Preview"区域单击时，可以看到有黑色和白色的像素在区域中分布。此时观察预览窗口可以发现，在"Preview"区域里，白色区域代表画面像素的显现，黑色则表示隐藏，灰色代表该区域为半透明，如图4-9和图4-10所示。选择加号吸管工具 ✔ ，在"Preview"中单击，单击的区域都会被添加进原来的基础之上。选择减号吸管工具 ✔ 在"Preview"中单击，单击的区域都会从原来的基础上减去。

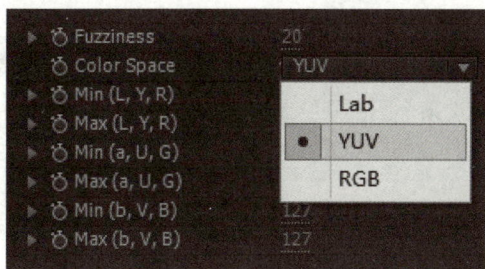

图4-8

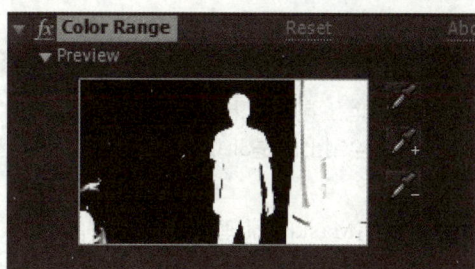

图4-9

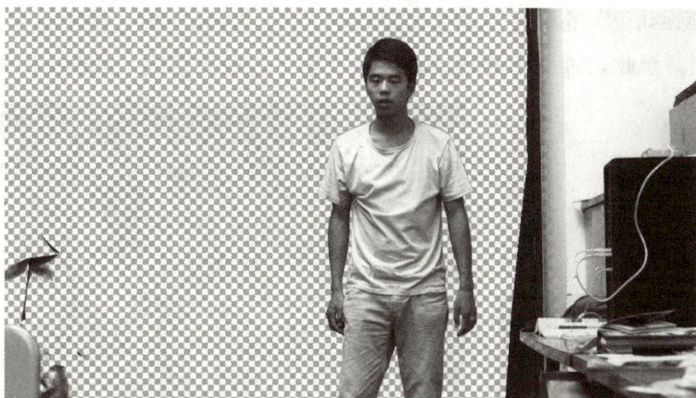

图4-10

STEP 09 利用这三种工具对画面进行反复调整修改，将人物周围的绿色剔除干净，如图4-11所示。

STEP 10 从预览窗口中可以看到，已经将人物周围的物体基本剔除，但左右两边还存在不需要的画面像素，此时，不必再利用特效对其进行微调，在工具栏中选择钢笔工具，利用钢笔工具对素材"00015-[00095].png"绘制Mask，如图4-12所示。

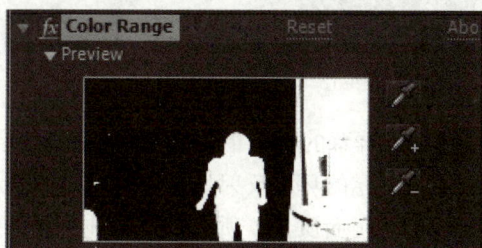

图4-11

图4-12

提 示

使用钢笔工具或矩形工具绘制Mask时，如果选中某个图层则绘制出来的是Mask，而不选中任何图形时绘制出的是Shape Layer，是独立的图形文件。初学者经常分不清两者之间的区别。

STEP **11** 使用Mask的原理是，绘制好的Mask区域会成为显现区域，但是这与想要的情况正好相反，所以在时间线面板中选择"00015-[00095].png"素材，按快捷键M，显现"Mask"参数，勾选复选框"Inverted"进行反选。接着调整第2个"Mask"参数，因为两个Mask的关系，需要选择"Mask 2"的模式，单击"Mask 2"的"Add"模式按钮，在下拉菜单中选择"Subtract"选项，至此，画面中的物体就清除干净了，抠像完成，如图4-13和图4-14所示。

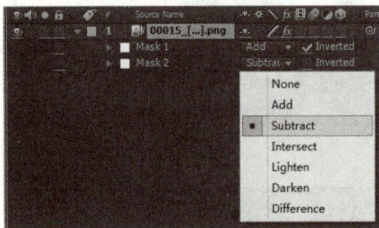

图4-13

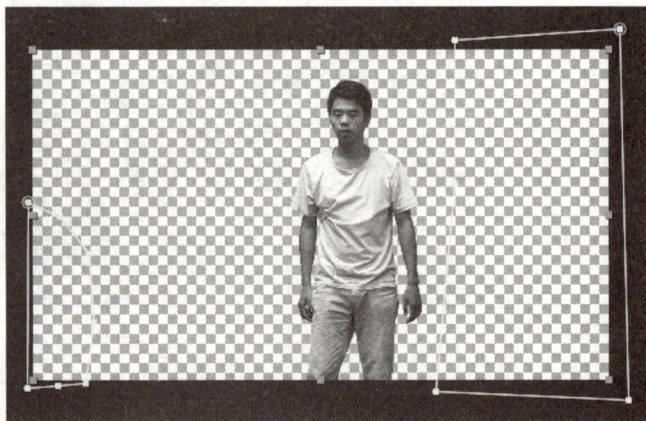

图4-14

STEP **12** 对绿屏幕的青年抠像完成后，会发现青年身上有一定的环境反射像素存在，这些会影响合成后的画面质量，所以需要对他进行调色。执行"Effect"→"Color Correction"→"Hue/Saturation"命令，在特效面板中，找到"Master Hue"参数，将数值更改为-17.0，如图4-15所示。

提 示

Hue/Saturation特效经常被应用于调整颜色，可以限定通道的色彩来单独调整画面中某个单一色相。例如，草地上一把红色的雨伞，可以将Channel设置为Red，这样在改变色相时就会只调整伞的颜色。

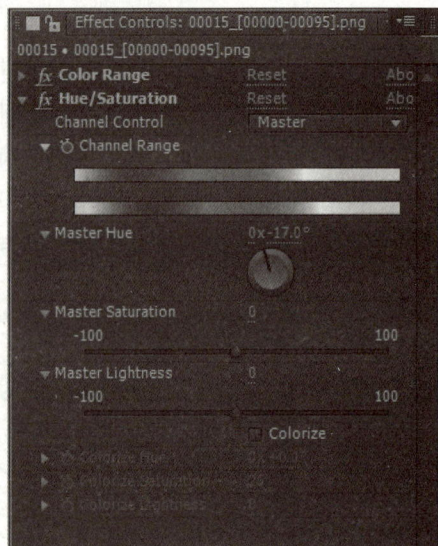

图4-15

STEP **13** 从预览窗口中观察，青年的肤色恢复正常，如图4-16所示。

STEP **14** 但是按快捷键0，可以发现画面中会出现一些绿色的杂色，如图4-17所示，这时需要运用到一个新的特效，这个特效是专门针对该情况进行校正的。

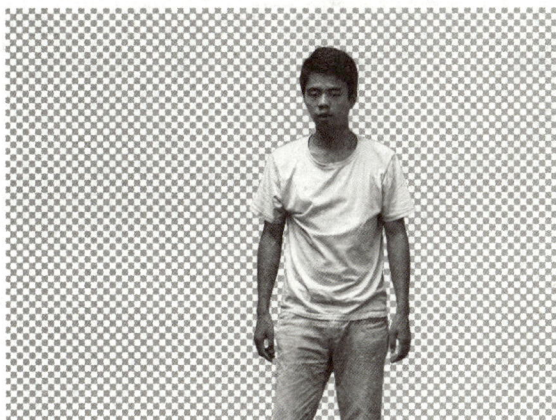

图4-16

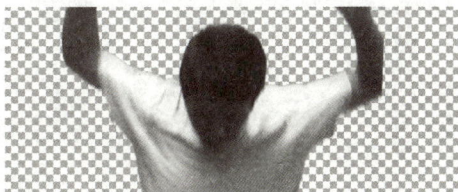

图4-17

STEP 15 在特效控制台中对参数进行调整，找到"Color to Suppress"参数，单击颜色块，随即弹出"Color to Suppress"对话框，如图4-18所示。

STEP 16 在对话框下方输入颜色参数"00FF72"，如图4-19所示。

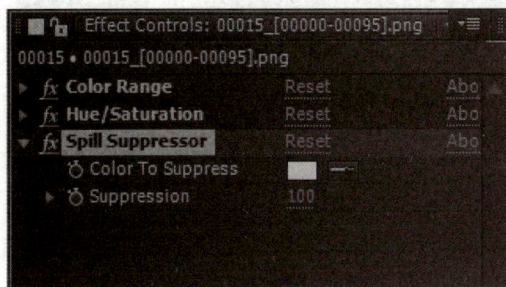

图4-18

图4-19

STEP 17 在预览窗口中观察可以看到，之前的绿色杂边已经没有了，如图4-20所示。

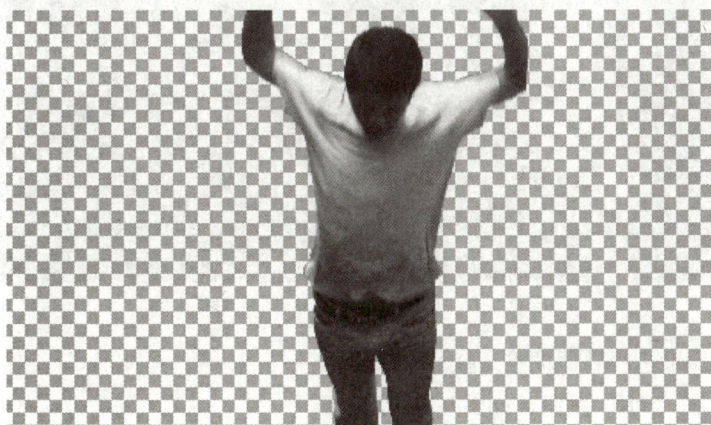

图4-20

STEP 18 下面将准备好的背景合成素材导入到AE中，执行"File"→"Import"→"File"命令，随即弹出"Import File"对话框，选择"草原.avi"素材，单击"打开"按钮，导入素材完成，如图4-21所示。

STEP 19 在 "Project" 面板中，选中 "00015" 合成和 "草原" 素材，将其拖曳到时间线面板中，然后单独选中 "00015" 合成，按快捷键S，对该层的缩放属性进行调整，更改数值为53%，如图4-22所示。

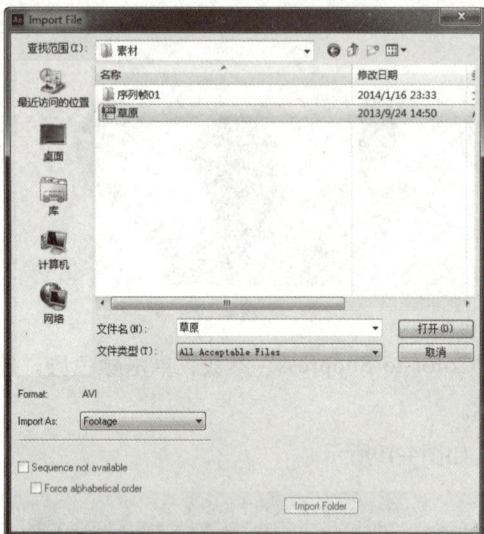

图4-21

图4-22

STEP 20 在预览窗口中，将层1调整到需要的位置，形成 "当奔驰的骏马冲过来，青年躲闪不及扑倒在地" 的画面，如图4-23所示。

图4-23

STEP 21 下面对画面进行整体调整。执行 "Layer" → "New" → "Solid" 命令，将Solid颜色更改为黑色，单击 "OK" 按钮，如图4-24所示。

提 示

Solid层的用法很多，可配合Mask来制作一些效果，有时用于模拟在拍摄时出现的暗角，或者回忆镜头中模糊的边缘特效。

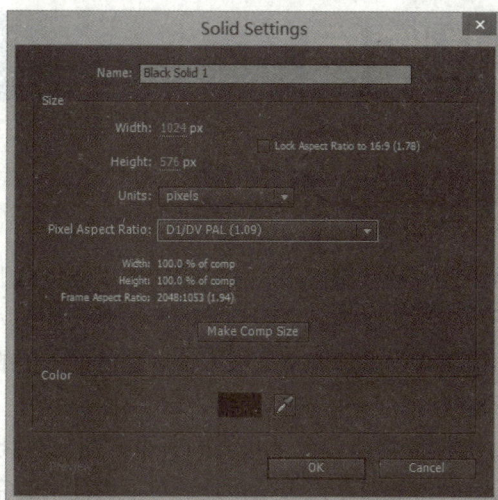

图4-24

STEP 22 在工具栏中选择椭圆工具，对黑色固态层添加Mask，在时间线面板中选择黑色固态层，按快捷键M，勾选"Inverted"进行反选。修改Mask的羽化值为288，如图4-25所示。

图4-25

STEP 23 至此，本实训完成，回到预览窗口中按快捷键0进行播放预览，如图4-26所示。

图4-26

AE 知识点拓展

知识点1 绿屏抠像技术原理

在影视制作后期，抠像技术被频繁使用。该技术的作用是将抠下来的图像同所需要合成的图像进行后期融合，花费较小的成本，从而完成前期需要大量人力物力和资金才能完成的工作。绿屏抠像技术是抠像技术中主流的抠像技术，这是通过色度的区别把单色背景去掉，故抠像技术又被称之为色度键。

这么做的目的是给目标抠像物体匹配上适合的背景，从而达到所需要的画面效果。在After Effects中，有非常多的特效命令或者插件是针对抠像技术的完美实现。一般在软件中的抠像是通过吸管工具对黑白图像中进行像素阈值范围的采样，很大一部分是通过计算机自动计算处理选择抠取像素的范围，例如在AE内置的抠像特效"Color Range"，就是针对抠像技术提供的。特效的预览图中会显现黑、白、灰三种像素阈值，黑色代表画面中的该像素被完全抠除，白色像素区域代表完全显现部分，而灰色区域代表着半透明区域存在于画面中。如果抠取的画面像素的物体情况复杂（物体存在多种颜色时），对抠图的顺利完成会产生一定的阻力，所以在大多数情况下，抠像技术的完成往往配合着多款特效命令的组合调节，如图4-27和图4-28所示。

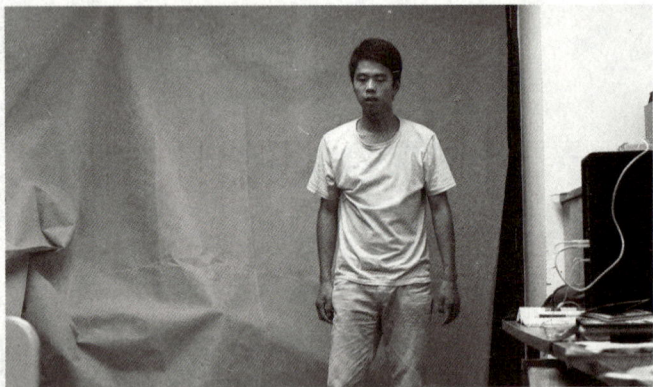

图4-27

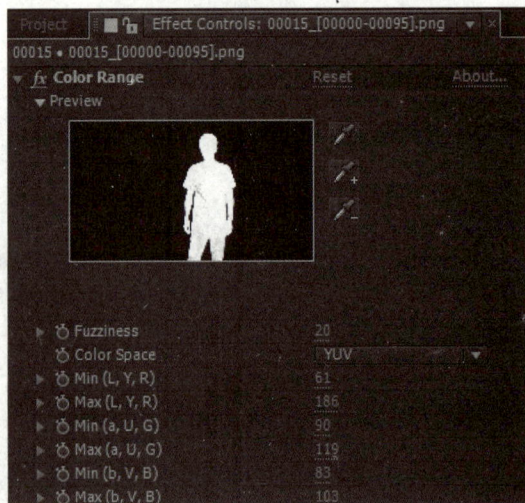

图4-28

知识点2　　抠像背景的选择

由于这类抠像方法是基于颜色差异来实现Alpha通道变化和提取的，因此从理论上讲，只要背景所用的颜色在前景中不存在，就可以使用任何颜色来做背景。但实际操作中，一般都使用蓝背景或者绿背景，原因是人类身体的自然颜色中不包含这两种色彩，用这两种颜色做背景不会和前景人物混在一起；而且这两种颜色又是电视三原色中的色彩，也较容易处理。因此，绿背景和蓝背景都可以根据需要选择使用，如图4-29和图4-30所示。

图4-29

图4-30

知识点3　蓝绿背景抠像选择

抠像技术一般分为蓝屏抠像和绿屏抠像，两种抠像的原理是一样的，都是通过色度的区别把单色背景去掉，匹配上合适的背景。

为什么要分为蓝色和绿色呢，原因在于人体中的自然色中不包括蓝色和绿色这两种颜色，所以在对人物进行抠图时，采用蓝色或是绿色能够更为顺利地将物体抠像出来。绿屏抠像相比蓝屏抠像出来的图像要更为平滑，原因在于图像中的蓝色通道的噪点相比红色通道和绿色通道是最突出的，所以绿屏抠像出来的图像画面边缘更为平滑。

具体来讲，胶片在生产过程中，对光的敏感度是不同的，首先感绿层对光的敏感值是最大的，其次是感红层，再次是感蓝层，所以不同的感光层对光的敏感度不同，为了保持画面中敏感度一致，往往需要对画面的感蓝层和感红层进行调整提升，但这是以牺牲通道颗粒细腻度为代价的，从而换取感光度的平衡，但调节感光层会对像素本身有一定的损失。

知识点4　抠像前期的准备工作

在实际的画面中，抠像的前期准备工作量是非常大的，而且如果想要得到一张高质量的抠图，需要非常多的细节工作做到位。

比如像在电视中各个电视台的天气预报都会有这样的一种场景，一个天气解说员在对着身后某地区的大气地图解说明天的天气。不了解影视后期行业的人们总会好奇，这样的画面结合很不可思议，但是又很赏心悦目，便于我们对天气的了解。这其实就是应用绿屏抠像技术最为广泛的操作平台之一。要完成这样的工作，需要考虑到方方面面影响画面质量的因素。

首先，在进行抠像技术处理的前期准备时，需要虚拟搭建一个演播室。在这个演播室里，背景都是一种颜色——绿色或是蓝色，同时在虚拟演播室中存在灯光控制器，方便对前景区的人物进行灯光调节，因为往往将得到的抠图同想要添加进去的背景无法完好地融入成为一段完整的画面，所以灯光的统一性是至关重要的。

其次，在蓝色背景中穿着蓝色或是紫色的衣服会使得画面抠像困难，这是通过色度的区别把单色背景去掉的抠像原理，所以在进行抠像的前期尽量避免身上的颜色同背景颜色相同或类似。在进行拍摄的，很多人会倾向于穿颜色比较暗的颜色或是直接穿成黑色，由于在虚拟演播室中背景色会发生反射或是折射作用，人物身上会被添加上大量的环境色，这些环境色会阻碍抠像进行下一步骤的合成工作。所以在进行抠像技术的拍摄时，前期一定要考虑好多种可能影响到画面合成的因素。

AE 独立实践实训

实训2 绿屏抠像之人物背景合成

🖥 实训背景

通过抠像合成技术达到现实与虚拟之间的相互转化、空间转移的效果，从而不仅表现一定的人文特色，还展示出一定的趣味性。

🖥 实训要求

在前期拍摄时需要注意抠像的背景，以及序列帧的格式。

播出平台：多媒体

制式：PAL制

🖥 本实训掌握要点

技术要点：绿屏抠像；抠像边缘处理

问题解决：结合使用特效进行绿屏抠像处理

应用领域：影视后期

素材来源：资料\素材文件\模块04\实训2\工程文件

作品展示：无

🖥 实训分析

💻 主要操作步骤

AE 职业技能考核

一、单选题

1. 以下"Color Range"的工具中，（   ）特效命令可以对画面的Matte进行边缘模糊。
   - A. "Blue"
   - B. "Matte Defocus"
   - C. "Fuzziness"
   - D. "Blur"

2. 以下"Color Range"的工具中，（   ）特效命令可以对画面的Matte进行边缘收缩。
   - A. "无"
   - B. "Shrink Matte"
   - C. "Matte Chocker"
   - D. "Matte Defocus"

二、多选题

1. 需要绘制动态Mask时，下列情况错误的是（   ）。
   - A. 绘制动态Mask画面需要用到关键帧进行调节控制
   - B. 绘制动态Mask画面可以使用钢笔工具
   - C. 绘制动态Mask画面需要使用钢笔工具辅以关键帧来完成
   - D. 绘制动态Mask画面必须逐帧逐帧绘制才能得以实现动态运动

2. 关于"Color Range"抠像应用，下列描述正确的是（   ）。
   - A. "Color Range"是After Effects软件中重要的抠像插件之一
   - B. "Color Range"不是After Effects上唯一的视频抠像插件
   - C. "Color Range"抠像特效可以独立解决所有的抠像画面
   - D. "Color Range"可以处理绝大多数情况下的抠像画面

3. 下列说法正确的是（   ）。
   - A. 抠像技术一般分为蓝屏抠像和绿屏抠像
   - B. 两种抠像的原理是一样的，都是通过色度的区别把单色背景去掉，匹配上合适的背景
   - C. 抠像技术一般分为红屏抠像和绿屏抠像
   - D. 两种抠像的原理是一样的，都是通过色差的区别把单色背景去掉，匹配上合适的背景

三、填空题

1. "Color Range"特效主要应用于影视后期制作中的_____领域。
2. 在"Mask"属性中的参数可以对图像动态Mask进行控制的是_____参数属性。
3. 在"Color Range"特效命令中，能够对抠像边缘羽化效果的参数是_____。

学习心得

实训参考效果图：

瑞士钟表
成百齿轮

德国汽车

中国陶瓷
几十道工艺精雕细琢

金葵花
SUNFLOWER

招商银行
CHINA MERCHANTS BANK

金葵花
SUNFLOWER

能力掌握：

掌握平面素材在影视片头中的应用

重点掌握：

1. 掌握使用Photoshop软件制作素材
2. 掌握透明通道以及灯光层概念

知识目标：

1. Mask绘制方法与属性调整
2. 层叠加概念与应用
3. 时间线面板扩展属性

AE 模拟制作实训

实训1　招商银行片头制作

💻 实训背景

为了突出金葵花理财的特点，利用三个分镜头来展现它想传达给观众的信息。本实训将挑选其中一个镜头来示范，达到举一反三的效果。

💻 实训要求

成功导入PSD图层素材和TGA序列帧素材，利用遮罩工具以及特效制作出能充分体现出传媒特色的片头。

播出平台：电视台
制式：PAL制

💻 实训分析

在制作影视类栏目时必须突出影视的特点，体现出金葵花理财的特点。本实训分别选择了中国陶瓷、瑞士钟表和德国汽车来展现认真仔细的品质。通过创建关键帧来完成图片和文字的动画，使用合适的特效来加强视觉效果。

💻 本实训掌握要点

通过添加灯光层，调整实训中的元素，使其符合片头需求。

技术要点：三维空间的架设；添加摄像机并设置关键帧动画；掌握文字工具的应用；
　　　　　掌握"Glow"与"Hue\Saturation"特效
问题解决：如何设置摄像机关键帧动画，文字特效的编辑和设置
应用领域：影视后期
素材来源：资料\素材文件\模块05\实训1\工程文件
作品展示：资料\素材文件\模块05\实训1\效果展示
操作视频：资料\操作视频\模块05

💻 实训详解

STEP 01 启动After Effects，执行"Composition"→"New Composition"命令，弹出"Composition Settings"对话框，将"Composition Name"命名为"B Comp 1"，单击"OK"按钮，完成项目工程文件的设置，如图5-1所示。

STEP 02 执行"File"→"Import"→"File"命令，弹出"Import File"对话框，选择"AE\

（Footage)\B Comp 1\B.PSD" 文件，在 "Import As" 中选择 "Composition" 选项，单击 "OK" 按钮，如图5-2所示。

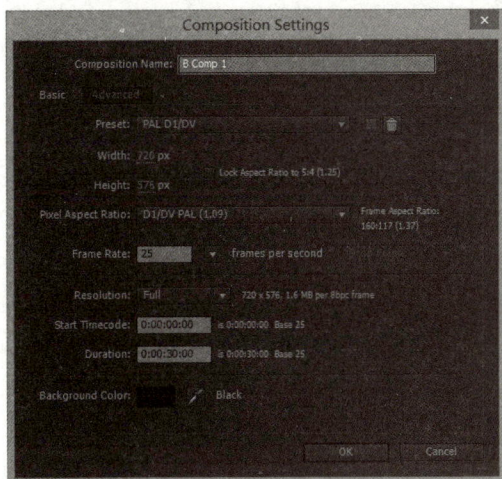

图5-1

图5-2

STEP 03 弹出 "B.psd" 对话框，在 "Layer Options" 选项中选中 "Merge Layer Styles into Footage"，然后单击 "OK" 按钮，完成素材导入，如图5-3所示。

提示

在导入PSD文件时经常使用该命令。在Photoshop中可以将基础元素制作完成，创建时可以直接创建PAL制文件，然后导入After Effects中制作动画。

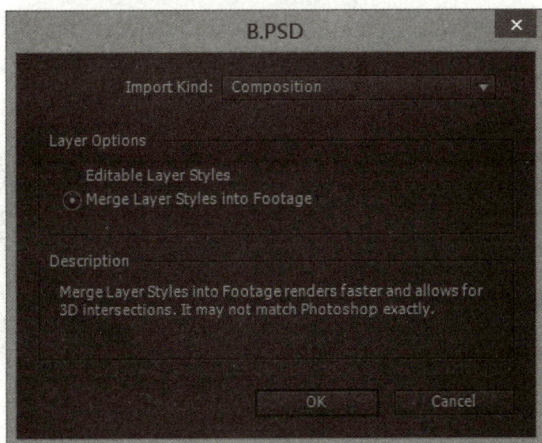

图5-3

STEP 04 导入 "AE\(Footage)\biao\biao.0001"，在弹出的对话框中勾选 "Targa Sequence" 复选框，单击 "打开" 按钮。弹出 "Interpret Footage：[0001-0100].tga" 对话框，在其中选中 "Straight - Unmatted"。单击 "OK" 按钮，完成素材的导入，如图5-4和图5-5所示。

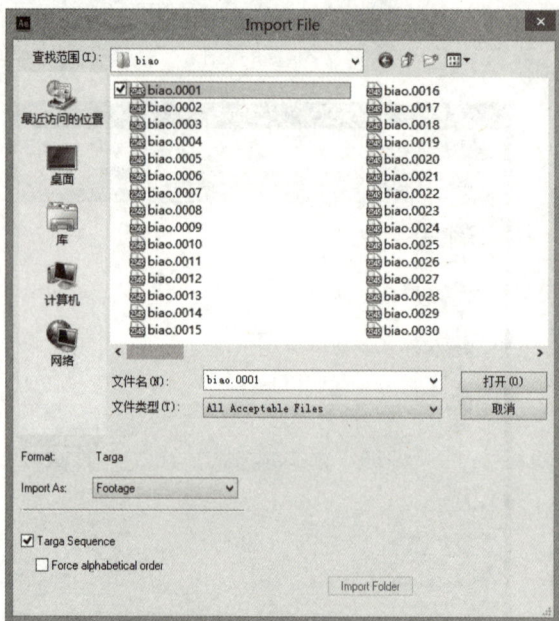

图5-4

图5-5

调整素材属性制作动画

STEP 05 把素材从"Project"面板拖动至时间线面板，如图5-6所示。

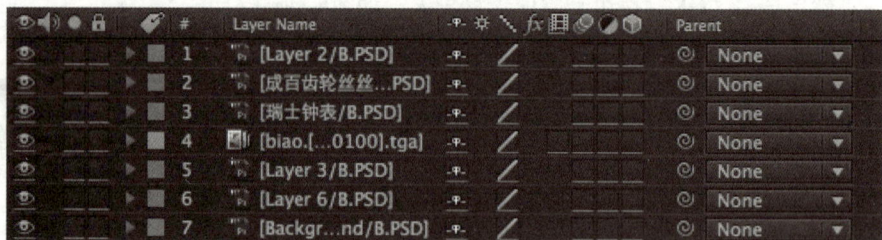

图5-6

STEP 06 选中层4文件，复制一层，将这两个层文件新建一个合成文件，并命名为"Pre-comp 1"，如图5-7所示。

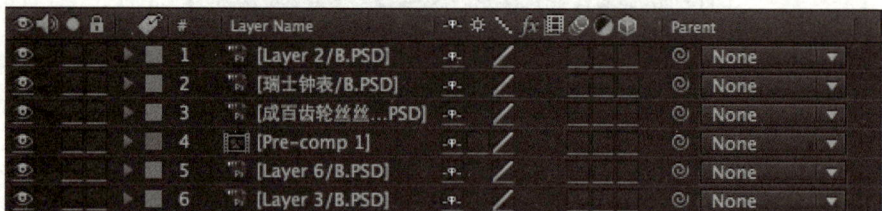

图5-7

提示

预合成命令的快捷键为Ctrl+Shift+C，可以将选中的图层创建出一个新的Comp，它具有全新的属性。这样的操作在实际工作中非常常用，主要用于固化原有文件的动画效果，分割镜头关系。

STEP 07 选中层2文件，调整到第0帧的位置，按快捷键P，调整"Position"参数为"399.0, 288.0"，再按住Shift键后按快捷键T，调整"Opacity"参数为"0%"，并创建关键帧，如图5-8所示。

图5-8

STEP 08 调整到第21帧的位置，调整"Opacity"参数为"100%"，并在第76帧的位置添加关键帧，使透明度在21帧到76帧之间保持100%不变，如图5-9所示。

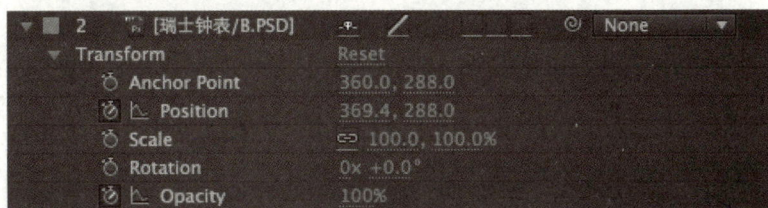

图5-9

STEP 09 调整到第96帧的位置，调整"Opacity"参数为"0%"，调整到第100帧的位置，调整"Position"参数为"360.0, 288.0"，如图5-10所示。

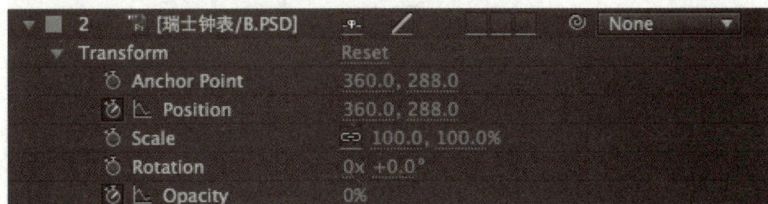

图5-10

STEP 10 选中层3文件，调整到第0帧，按快捷键P，调整"Position"参数为"360.0,288.0"，并创建关键帧，如图5-11所示。再调整到第100帧，调整"Position"参数为"373.0,288.0"。

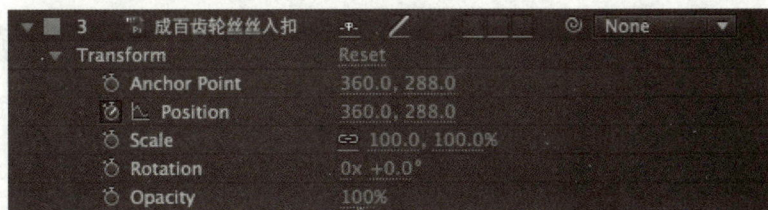

图5-11

STEP 11 调整到第86帧，同时按住Shift键和T键，调整"Opacity"参数为"100%"，并创建关键帧。再调节到第96帧，调整"Opacity"参数为"0%"，如图5-12所示。

STEP 12 选中层3文件，按快捷键Q，在预览区画出一个比层3文件中文字更长更宽的矩形Mask。调整到第0帧，并创建关键帧，如图5-13所示。

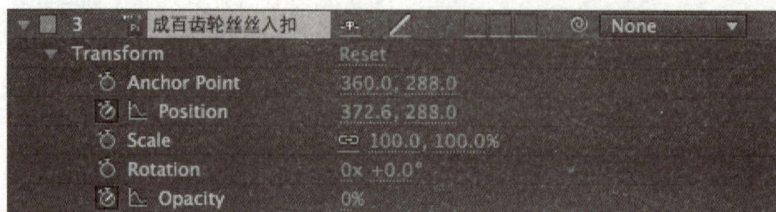

图5-12

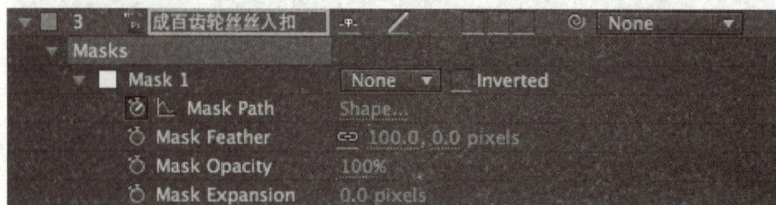

图5-13

STEP 13 调整到第100帧，按快捷键V，在预览区选择Mask并调整其位置。调整Mask的模式为"Add"。自动创建出关键帧，如图5-14和图5-15所示。

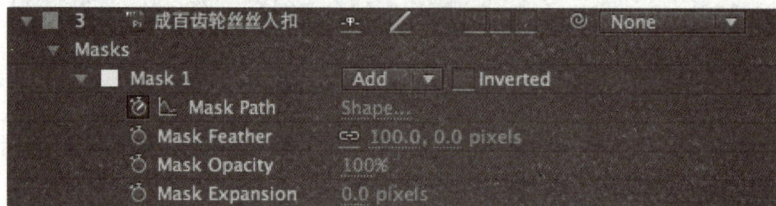

图5-14

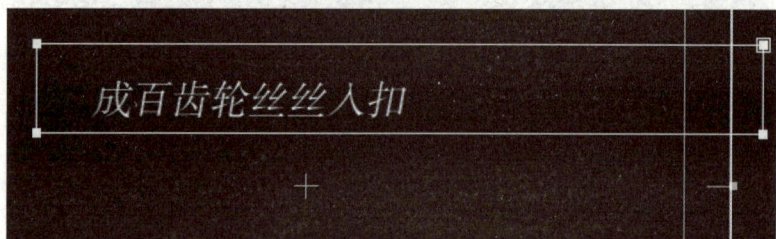

成百齿轮丝丝入扣

图5-15

提 示

在After Effects中可以绘制多重Mask，并通过调整Mask的叠加模式来进行绘制。Mask之间的相交相减可以控制。

STEP 14 选中层4文件，双击进入"Pre-comp 1"合成时间轴，打开层1的"Transform"属性，修改各数值，并复制给层2文件，如图5-16和图5-17所示。

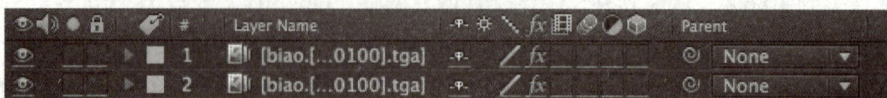

图5-16

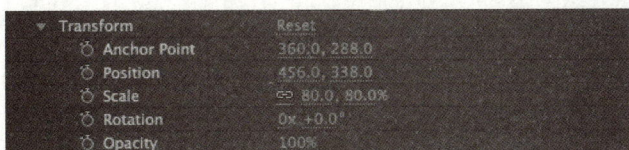

图5-17

STEP 15 选中层1文件，用遮罩工具画出遮罩1、遮罩2，并调节"Mask 1"的模式为"Add"，"Mask 2"的模式为"Subtract"，如图5-18和图5-19所示。

图5-18

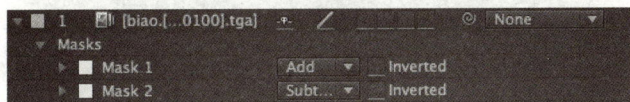

图5-19

STEP 16 选中层1文件，执行"Effect"→"Color Correction"→"Levels"命令，在特效面板中调整"Levels"参数值，如图5-20所示。

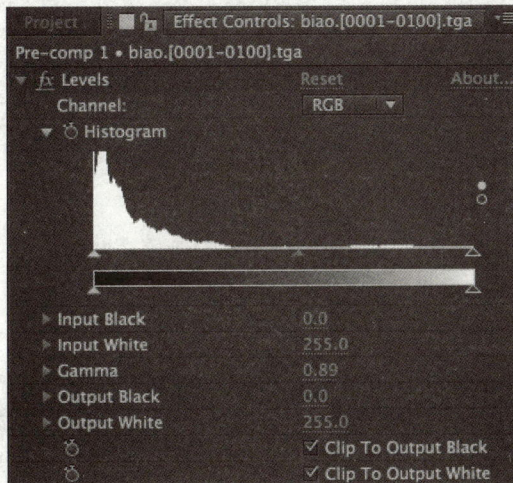

图5-20

STEP 17 继续为层1文件添加特效，执行"Effect"→"Color Correction"→"Color Balance"命令，在特效面板中调整"Color Balance"参数值，如图5-21所示。

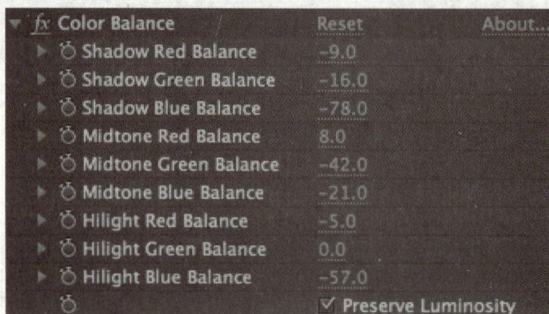

图5-21

　　将"Shadow Red Balance"数值更改为-9，"Shadow Green Balance"数值更改为-16，"Shadow Blue Balance"数值更改为-78，"Midtone Red Balance"数值更改为8，"Midtone Green Balance"数值更改为-42，"Midtone Blue Balance"数值更改为-21，"Hilight Blue Balance"数值更改为-5，"Hilight Red Balance"数值更改为0，"Hilight Green Balance"数值更改为-59，勾选"Preserve Luminosity"复选框。

STEP 18 为层1添加第三个特效，执行"Effect"→"Color Correction"→"Hue/Saturation"命令，在特效面板中调整"Hue/Saturation"的参数值，如图5-22所示。

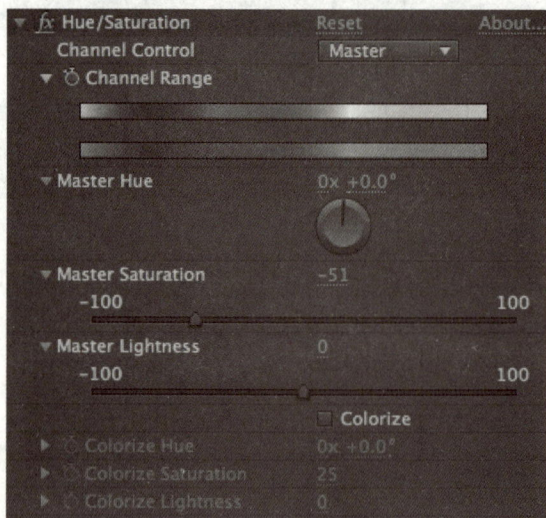

图5-22

STEP 19 选中层2文件，用遮罩工具画出和层1相同的遮罩"Mask 1"，并把遮罩的模式调节为Add，并为层2添加上"Levels""Color Balance""Hue/Saturation"三种特效，如图5-23和图5-24所示。

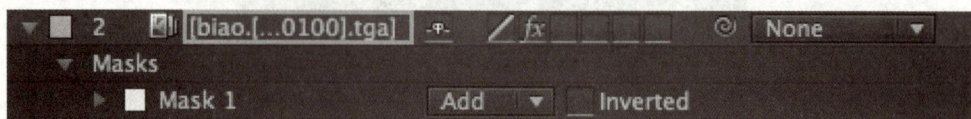

图5-23

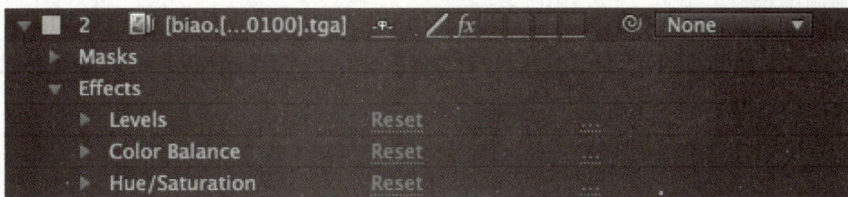
图5-24

STEP **20** 对"levels"的参数进行设置，以达到所需效果，如图5-25和图5-26所示。

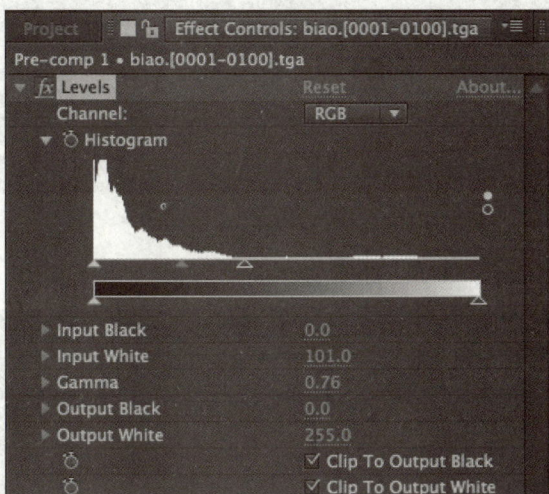
图5-25

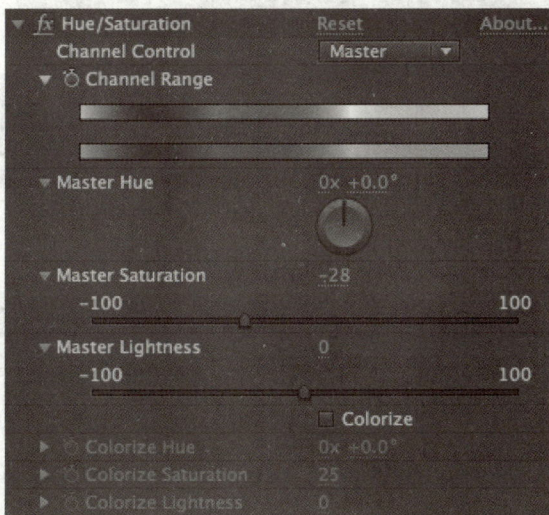
图5-26

STEP **21** 对"Color Balance""Hue/Saturation"的参数进行设置，在"Color Balance"中，将"Master Saturation"参数数值更改为-28。

对"Hue/Saturation"各项参数进行设置，如图5-27所示。将"Shadow Red Balance"数值更改为-4，"Shadow Green Balance"数值更改为-6，"Shadow Blue Balance"数值更改为3，"Midtone Red Balance"数值更改为7，"Midtone Green Balance"数值更改为-4，

"Midtone Blue Balance" 数值更改为-39，"Hilight Red Balance" 数值更改为1.0，"Hilight Green Balance" 数值更改为-31，"Hilight Blue Balance" 数值更改为-79，勾选 "Preserve Luminosity" 复选框。

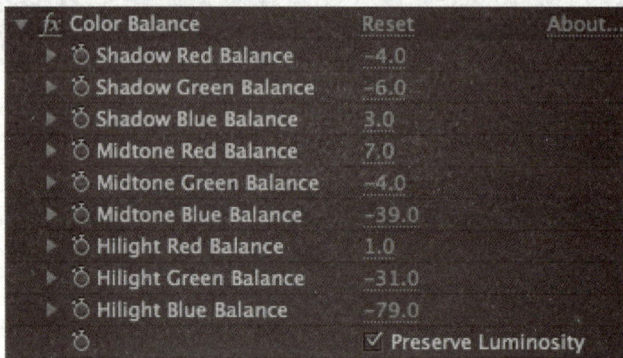

图5-27

STEP 22 按0键预览动画效果，如图5-28所示。

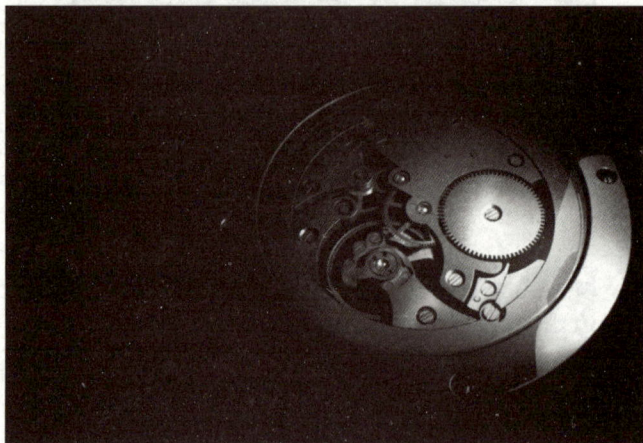

图5-28

STEP 23 选中 "B Comp 1" 合成时间轴，按0键预览整体的动画效果。

提 示

在本实训中调整出的带有复古质感的光线效果，其参数并不代表就可以直接使用到下一部作品中，要根据每部作品的不同要求来进行调整，而且对于素材来说也是有一定要求的，宽容度较高的素材可调节的余地大一些。

AE 知识点拓展

知识点1 绘制路径

选择"Pen Tool"工具后，除了可以在预览区中绘制封闭的"Mask"遮罩，还可以绘制非封闭状态的"路径"。图5-29所示为绘制出不同路径的形态。

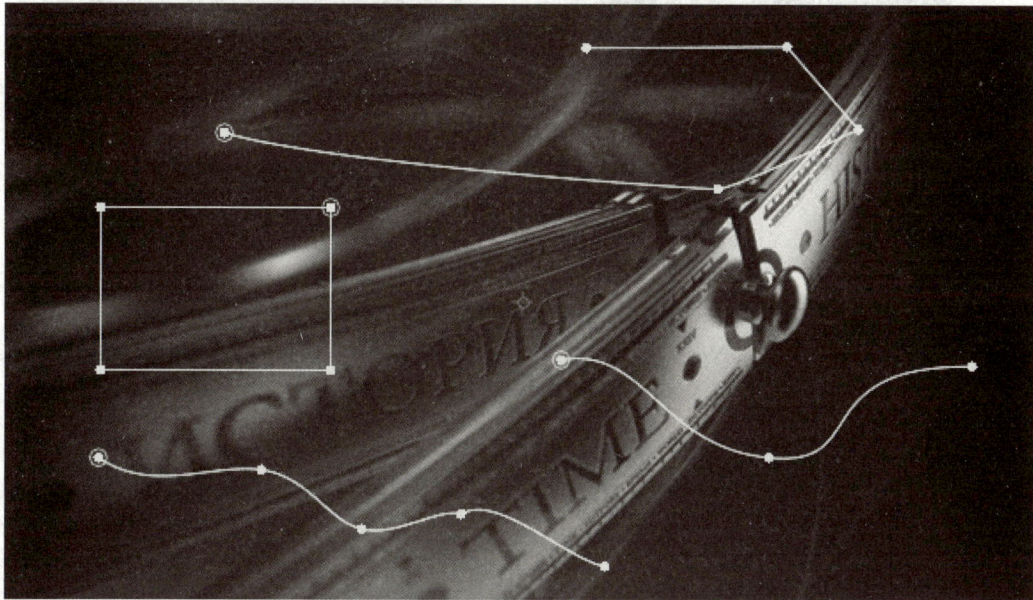

图5-29

知识点2 路径的形态

在工具栏中，利用鼠标按住钢笔工具图标，随即显现钢笔工具的隐藏工具框，包括添加锚点工具、减去锚点工具、转换锚点工具以及遮罩羽化工具，这些工具可分别对绘制出的路径曲线进行调整，如图5-30所示。

图5-30

知识点3 "Horizontal Type Tool"文字编辑工具

选择"Horizontal Type Tool"工具后，在预览区中任意位置单击即可进入文字输入编辑。在激活编辑并输入所要编辑的文字后，软件右侧会出现文字层相关的编辑区，如图5-31和图5-32所示。在该编辑区中可以设置字体的样式、颜色、大小和间距等属性。

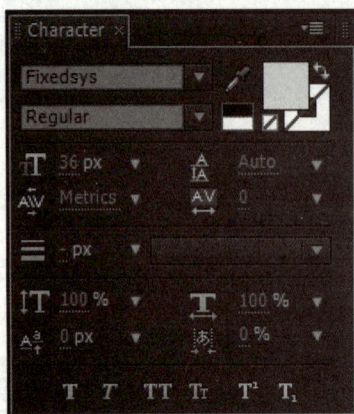

图5-31

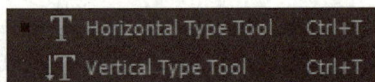

图5-32

知识点4 "Camera Settings" 对话框

执行 "Layer" → "New" → "Camera" 命令（快捷键为Ctrl+Alt+C），弹出 "Camera Settings" 对话框，弹出摄像机设置对话框，如图5-33所示，设置完成后单击 "OK" 按钮。

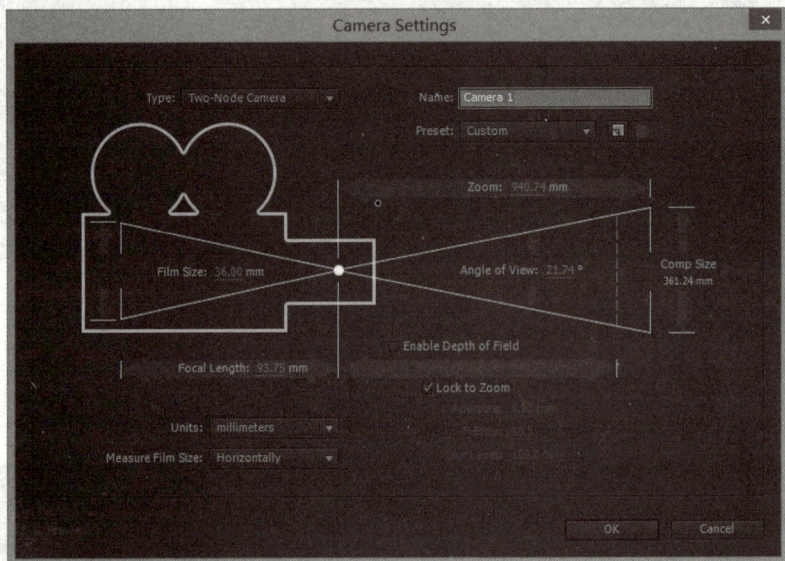

图5-33

- Name：摄像机层命名控件。
- Preset：选择摄像机模式，单击后面的按钮可展开模式选择菜单。
- Units：通过此下拉框选择参数单位，包括 "pixel" （像素）、 "inches" （英寸）和 "millimeters" （毫米）3个选项。
- Measure Film Size：改变 "Film Size" （胶片尺寸）的基准方向，包括 "Horizontally" （水平）方向、 "Vertically" （垂直）方向和 "Diagonally" （对角线）方向3个选项。
- Enable Depth of Field：勾选此选项，激活摄像机的景深。

摄像机可以拓宽画面呈现的方式，其中，Film Size设置可以控制摄像机的可视范围，较小的参数（也就是广角）可以获得更为广阔的视野，这与真实的摄影机是一致的。

知识点5 "Hue/Saturation" 特效

"Hue/Saturation"（色相饱和度）是在后期制作中用于调色且最为便捷的调整特效之一。执行"Effect"→"Color Correction"→"Hue/Saturation"命令，在特效控制面板中可以调整"Hue/Saturation"特效的参数，从而进行色彩调整的设置，如图5-34所示。

单击"Channel Control"（选取色彩的模式）旁边的按钮弹出"Master"菜单，在此菜单中选择相应的色彩模式，如图5-35所示。

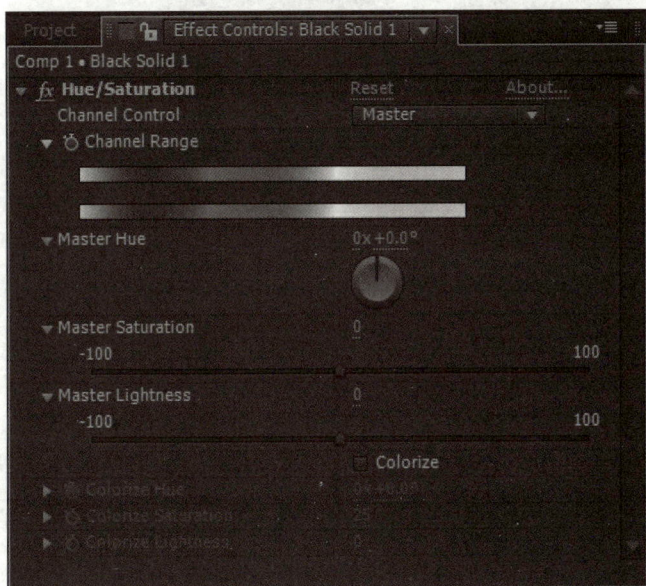

图5-34

图5-35

选择不同的模式时，调整画面中的颜色通道像素是不同的，这样也便于在调整的过程中对局部进行更为精密的组合调整。

- Channel Range：选取颜色范围，从而确定需要的范围区域颜色，如图5-36所示。
- Master Hue：为调色控制器，旋转圆形图标可以改变色彩的色相。
- Master Saturation：色彩饱和度参数调整。
- Master Lightness：画面亮度参数调整。
- Colorize：勾选此选项，进入单色调整，激活该参数后，部分控件进入休眠状态。
- Colorize Hue：选择色相。

- Colorize Saturation：调整饱和度参数。
- Colorize Lightness：调整亮度参数。

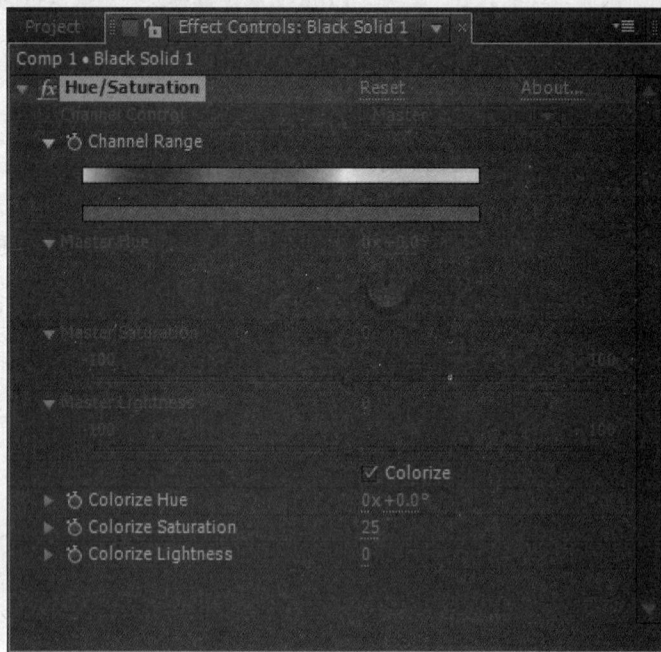

图5-36

知识点6 "Glow" 特效

辉光也是After Effects中较为常用的光特效，能够给添加的物体表面产生一种朦胧的流光效果。以模块04实训1中"B"层文件为例，执行"Effect" → "Stylize" → "Glow"命令，在特效控制面板中调整"Glow"参数值，即可设置辉光的效果。

"Glow"控件的参数如下。

- Glow Based On：辉光的大小。
- Glow Radius：辉光辐射扩散大小，数值越高扩散面积越大，反之范围越小。
- Glow Intensity：辉光的强度，数值越大辉光越亮。
- Glow Operation：辉光叠加模式。
- Glow Colors：为辉光模式，其中"Original Colors"为原始默认效果，"A&B Colors"为指定颜色A和颜色B的混合过度色彩模式。
- Color Phase：辉光色彩发散角度设定。
- Glow Dimensions：辉光的形式，单击旁边的按钮弹出选择菜单，"Horizontal and Vertical"为横向加纵向模糊、"Horizontal"为横向辉光模糊、"Vertical"为纵向辉光模糊，效果如图5-37所示。

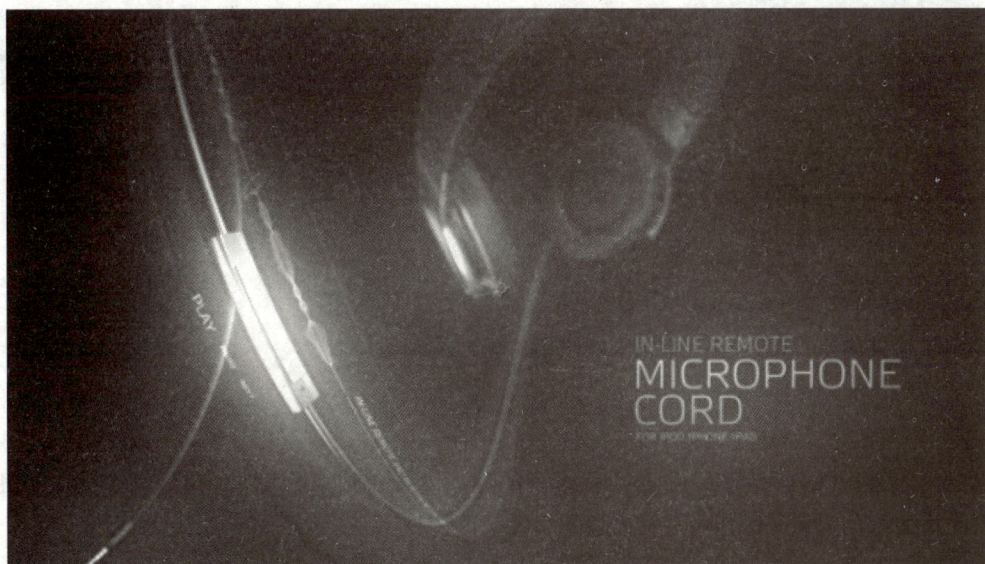

图5-37

提 示

　　Glow作为一款内置特效在实际工作中会经常使用，特别是LOGO表面的光感制作，也可以用于加强光线的亮度和光晕。

AE 独立实践实训

实训2　新闻栏目片头

🖥 实训背景

制作长度为5s的银行广告小片头，应用于银行广告传媒。

🖥 实训要求

以突出银行特色为目标，通过平面素材的动画设置，制作一条小片头，要求符合该银行类型的片头特色。片头制作中应涉及遮罩、特效两个技术点。

播出平台：多媒体
制式：PAL制

🖥 本实训掌握要点

技术要点：片头创意；素材准备；镜头合成；摄像机动画设置
问题解决：熟悉平面素材动画设置，掌握摄像机的应用和"Glow""Hue/Saturation"特效的使用技巧
应用领域：影视后期
素材来源：无
作品展示：无

🖥 实训分析

🖥 主要操作步骤

AE 职业技能考核

一、单选题

1. After Effects CS6中，关于灯光的说法不正确的是（　　）。

　　A. After Effects CS6中灯光层可以直接在Layer面板中新建

　　B. After Effects CS6中灯光层可以直接在File面板中新建

　　C. After Effects CS6中灯光层可以直接在二维图层中建立

　　D. After Effects CS6中灯光层在二维和三维图层中都可以建立

2. After Effects CS6中，关于摄像机说法不正确的是（　　）。

　　A. After Effects CS6中摄像机层可以直接在Layer面板中新建

　　B. After Effects CS6中摄像机层不可以直接在File面板中新建

　　C. After Effects CS6中摄像机层不可以直接在二维图层中建立

　　D. After Effects CS6中摄像机层不可以在三维图层中建立

二、多选题

1. 以下选项中，After Effects CS6中新建灯光的类型有（　　）。

　　A. Spot　　　　　　　　　　　　B. Parallel

　　C. Ambient　　　　　　　　　　D. Lens

2. 下述说法错误的是（　　）。

　　A. 用户要遵循先加Camera Layer（相机层），并将该层的位置定义好，然后再添加
　　　　Light Layer（灯光层）

　　B. Camera Layer（相机层）和Light Layer（灯光层）有一个先后的规则顺序

　　C. 灯光的颜色以及强度的设定可以使3D场景中的素材层晕染出不同的效果，而阴影
　　　　的产生则会使3D层叠的模拟效果更加立体化。

　　D. Camera Layer（相机层）和Light Layer（灯光层）两者之间的位置关系会影响到光
　　　　照的效果和阴影产生的方向

3. 下列说法错误的是（　　）。

　　A. 执行"Layer"→"New"→"Camera"命令，其快捷键是Ctrl+Alt+C

　　B. 执行"Layer"→"New"→"Camera"命令，其快捷键是Ctrl+D

　　C. 执行"Layer"→"New"→"Camera"命令，其快捷键是Ctrl+C

　　D. 执行"Layer"→"New"→"Camera"命令，其快捷键是Ctrl+Shift+D

三、填空题

1. 选择工具栏中的"Horizontal Type Tool"工具，在预览区内任意处单击激活
_____光标。

2. 在对文字进行编辑设置时，首先需要选择_____工具。

3. 在摄像机对话框中，"Measure Film Size"用于改变"Film Size"（胶片尺寸）的基
准方向，包括_____方向、_____方向和_____方向3个选项。

模块 06 制作河南形象宣传片

实训参考效果图：

能力掌握：

掌握色彩调整的基本技巧和画面降噪处理的基本技术

重点掌握：

1. 掌握通过关键帧设定动画的方法
2. 了解层编辑、新建层和Comp的概念

知识目标：

1. PAL制项目工程文件设置
2. PSD文件素材导入
3. 层级关系父子层关系，运动模糊

AE 模拟制作实训

实训1　第三镜头色彩调整

🖵 实训背景

中原大地以其独特的文化特点深深影响着国人的心，《Welcome to Henan》生态公益宣传片不仅仅是给国人自己看的，而是希望国际友人更多地了解河南，进而更多地了解当代的中国。

🖵 实训要求

由于前期拍摄对于色彩的把握不够，所以在后期中需要进行必要的调色，来弥补前期的不足。

播放平台：央视以及新媒体网络
制式：PAL制

🖵 实训分析

河南是极具代表性的中原大地，有着深厚底蕴。由于该宣传片中需要体现出河南是拥有深厚历史底蕴的特色地域，故在表现画面的同时应当注重它的画面色彩感。因为只有极其富有感染力的色彩画面才能第一时刻打动人，所以后期对画面色调的调整是必不可少的。

🖵 本实训掌握要点

技术要点：层与层的叠加关系；动态MASK的范围选择；After Effects基本属性与层叠加属性的综合应用
问题解决：属于层与层叠加的基本原理和常见使用方法
应用领域：影视后期
素材来源：资料\素材文件\模块06\实训1\工程文件
作品展示：资料\素材文件\模块06\实训1\效果展示\宣传片.mov
操作视频：资料\操作视频\模块06

🖵 实训详解

新建工程文件导入素材

STEP 01 启动After Effects，在引导页对话框中单击"New Composition"按钮，弹出"Composition Settings"对话框，将"Composition Name"命名为"宣传片"，设定

"Width" 为 "1024px"、"Height" 为 "576px",设定 "Pixel Aspect Ratio" 为 "Square Pixels",设定 "Resolution" 为 "Full",设定 "Duration" 为 "0:00:11:23",单击 "OK" 按钮,完成项目工程文件的设置,保存项目文件至硬盘,如图6-1所示。

> **提 示**
>
> 在设置完合成的时间长度以后,亦可以在项目中进行更改,按Ctrl+K组合键可以调出 "Composition Settings" 对话框,再次调整时间 "Duration" 参数就可以了。

STEP 02 执行 "File" → "Import" → "File" 命令,弹出 "Import File" 对话框,选择素材 "宣传片.mov",单击 "打开" 按钮将其打开,并导入至 "Project" 面板,如图6-2所示。

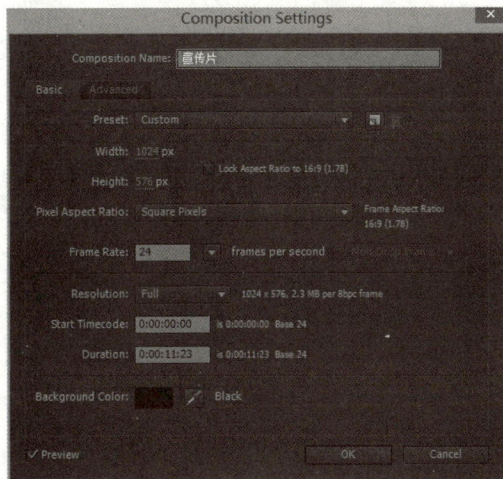

图6-1

图6-2

STEP 03 在 "Project" 面板右击 "宣传片.mov" 素材,在弹出的快捷菜单中执行 "Interpret Footage" → "Main" 命令,弹出 "Interpret Footage" 对话框,如图6-3所示。

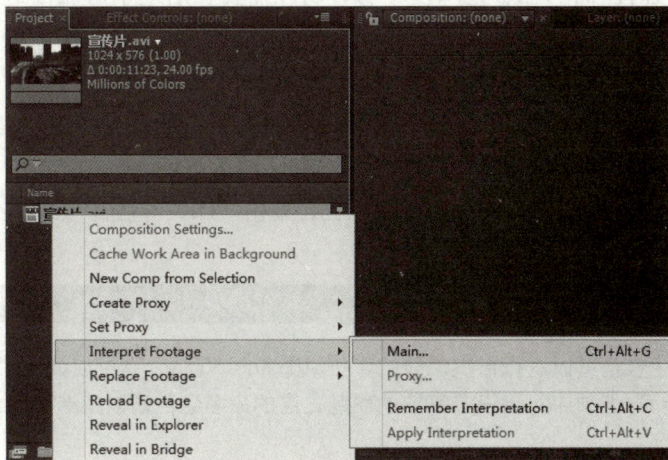

图6-3

STEP **04** 在 "Fields and Pulldown" 选项组中的 "Separate Fields" 下拉列表中选择 "Upper Field First" 选项，单击 "OK" 按钮，完成场信息的设置，如图6-4和图6-5所示。

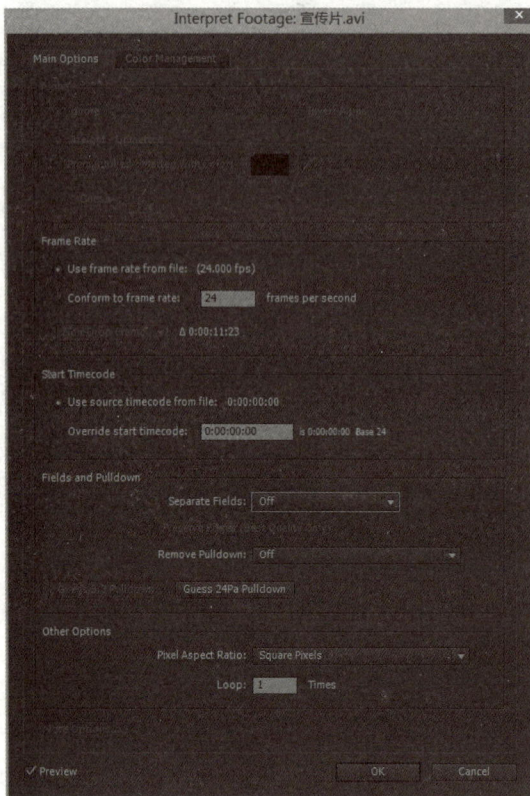

图6-4

图6-5

STEP **05** 在 "Project" 面板中，将素材 "宣传片" 拖曳至时间线面板的合成 "宣传片" 中。在预览窗口中点击图标 `0:00:00:00`，弹出 "Go to Time" 对话框，在对话框中输入 "0:00:04:17"，单击 "OK" 按钮，时间线指针跳转到 "0:00:04:17" 位置，如图6-6所示。

"动态Mask 树林域选择调色"

由于前期拍摄时画面的色彩饱和度不够，所以需要在后期中对画面进行调色，但一般运用曲线、饱和度等调色命令会对整个画面进行颜色的校正，但在实际操作中我们更多的是要对画面的局部进行调色，故下面开始对宣传片的局部进行调色，以达到理想效果。

STEP **06** 新建固态层，执行 "Layer" → "New" → "Solid" 命令，弹出 "Solid Settings" 对话框，命名为 "Deep Green Solid 2"。在 "Color" 区域单击色块，在弹出的 "Color" 对话框中选取需要的颜色，在这里选择的颜色是深绿色，单击 "OK" 按钮，如图6-7所示。

提 示

Solid层的颜色也是可以进行再次调整的，按Ctrl+Shift+Y组合键可以调出 "Solid Settings" 对话框，在 "Color" 选项中可以设置需要的颜色，层的命名会自动以挑选的颜色命名。

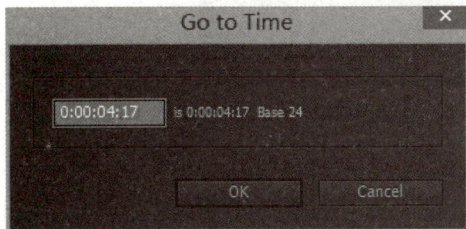

图6-6

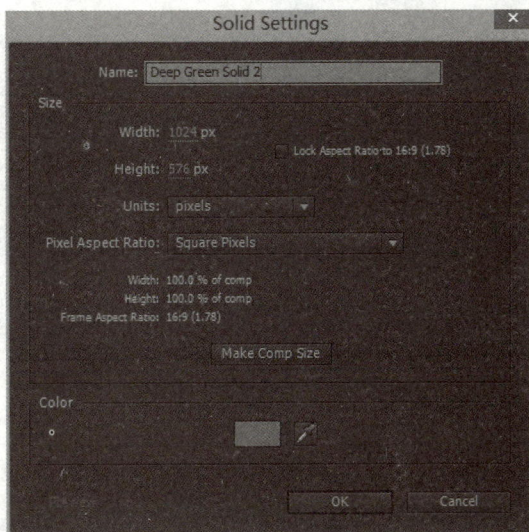

图6-7

STEP 07 下面对固态层绘制Mask（遮罩），在工具栏中选择钢笔工具█，由于要对画面中的绿树进行局部调色，故要选择画面中的绿树区域。在选中固态层的同时，将固态层的眼睛图标取消，这样更有利于对区域的精确选取。将绿树区域选取完成后，将固态层的眼睛图标点亮，在预览窗口中可以看到的效果如图6-8所示。

图6-8

STEP 08 在预览窗口中可以看到画面过于生硬，为了将固态层的绿色融入绿树中，需要提升饱和度。在时间线面板中选中"Deep Green Solid 2"，单击该层的扩展小三角图标，找到"Transform"参数下的"Opacity"，调整其数值为26%。打开"Mask"参数项，找到"Mask Feather"参数项，更改其数值为287.0。在预览窗口中，可以看到绿树区域的饱和度有了明显的提升，同时也不显得生硬，如图6-9和图6-10所示。

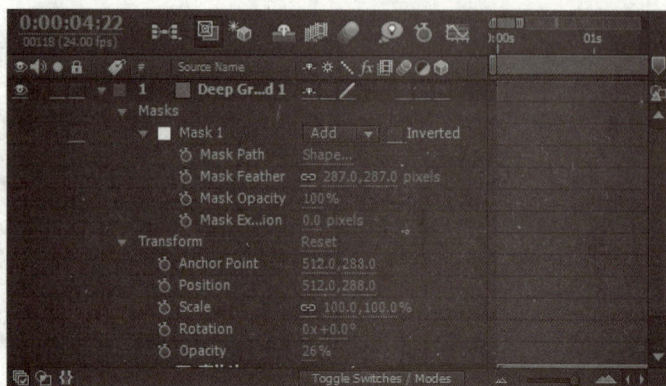

图6-9

图6-10

STEP 09 下面调整过渡色。建立固态层，执行"Layer" → "New" → "Solid"命令，弹出"Solid Settings"对话框，命名为"Orange Solid 1"。在"Color"区域单击色块，在弹出的"Color"对话框中选取所需的颜色，在这里选择的颜色是橘黄色，单击"OK"按钮，如图6-11所示。

该步骤将天空区域调整为夕阳傍晚的感觉，使得该镜头的色调同其他镜头相适应，操作步骤同上一步骤原理大致相同。

STEP 10 对固态层绘制Mask（遮罩），在工具栏中选择■钢笔工具，由于要对画面

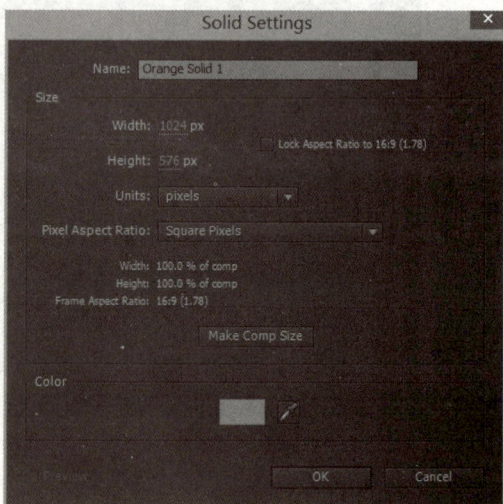

图6-11

中的天空进行局部调色，故要选取画面中的天空区域。选中固态层的同时，将固态层的眼睛图标取消，这样更有利于对区域的精确选取。将天空区域选取完成后，将固态层的眼睛图标点亮，在预览窗口中的效果如图6-12所示。

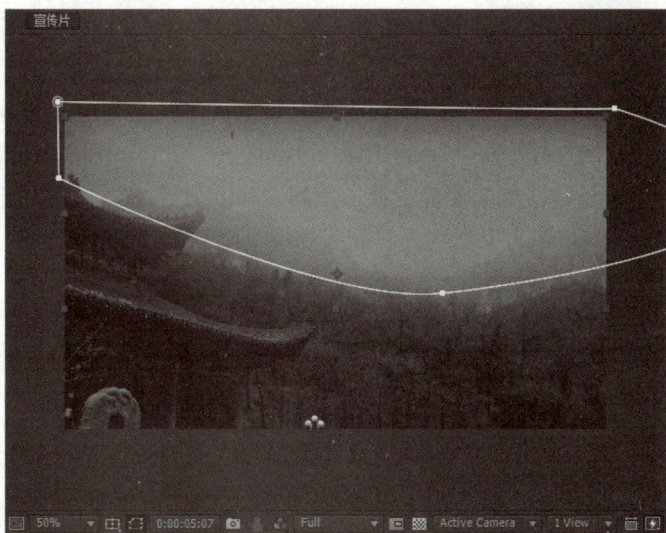

图6-12

STEP 11 在预览窗口中看到的画面过于生硬，为了将固态层的绿色融入绿树中，需要提升饱和度。在时间线面板中选中"Orange Solid 1"，单击该层的扩展小三角图标，找到"Transform"参数下的"Opacity"，调整其数值为35%。打开"Mask"参数项，找到"Mask Feather"参数项，更改其数值为156.0，预览效果如图6-13和图6-14所示。

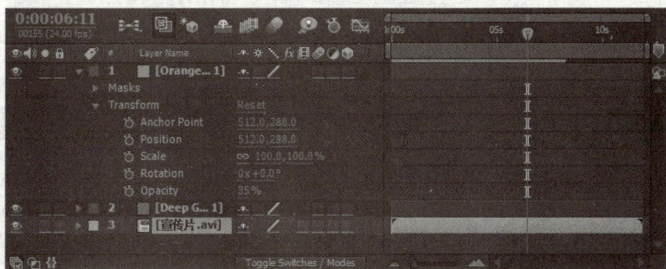

图6-13

图6-14

101

局部色调的调整就到这里，下面为了整体画面的一致性，需要对画面进行整体统一地调整。

STEP 12 执行"Layer"→"New"→"Adjustment Layer"命令，新建调整层。在时间线面板中选择调整层，执行"Effect"→"Color Correction"→"Photo Filter"命令，对其添加特效，在特效控制台中调整该特效的参数设置，找到"Density"参数，将其数值更改为54%，如图6-15所示。在预览窗口中可以看到，画面更加统一协调。

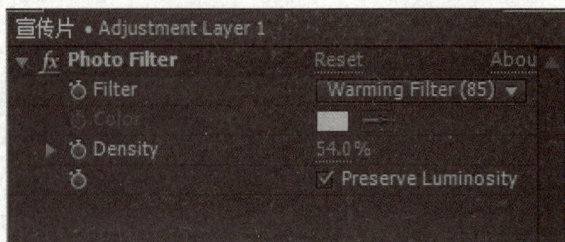

图6-15

STEP 13 在预览窗口中单击图标 `0:00:00:00`，弹出"Go to Time"对话框，在对话框中输入"0:00:04:16"，单击"OK"按钮。在时间线面板中选中"Deep Green Solid 2"层，按快捷键T，该层的不透明度参数随即出现。由于只需要局部调色，在该镜头出现的时间显现，为了不影响其他镜头的色调，故要在不透明度上进行关键帧设置。在"0:00:04:16"处将不透明度参数设置为0，在"0:00:04:16"处将数值更改为100，如图6-16所示。

STEP 14 单击图标 `0:00:07:08`，在对话框中输入0:00:07:08，单击"OK"按钮，如图6-17所示。

图6-16   图6-17

STEP 15 在0:00:07:08处将不透明度参数设置为100，在0:00:07:09处将数值更改为0，如图6-18所示。

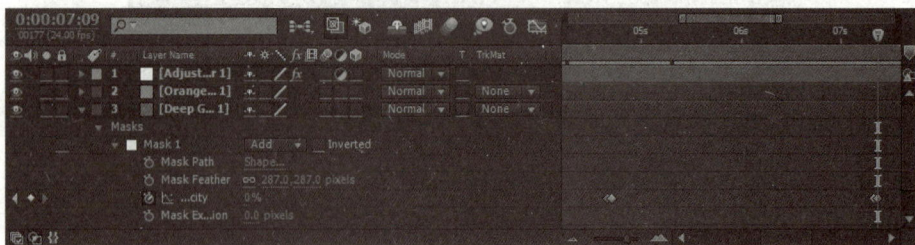

图6-18

STEP 16 同理，对"Orange Solid 1"执行相同的操作，如图6-19所示。

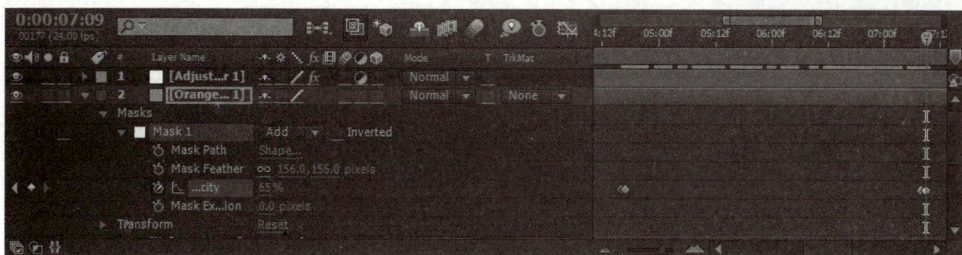

图6-19

文字效果编辑

STEP 17 对画面的局部调色操作到这里基本完成，下面为宣传片添加必要的文字说明。在工具栏中找到文字工具 **T**，执行 "Window" → "Character" 命令，出现文字面板，以便对文字的编辑调整，如图6-20所示。

STEP 18 将需要的文字输入后，在工具栏中选择多边形工具绘制图形，利用鼠标按住矩形工

📌 提 示

After Effects中的面板很多，如果无意中关闭了其中一个，可以在Window菜单中找到，所有面板都可在其中设置显示/隐藏。

具图标 **■**，随即出现形状下拉菜单，在菜单中选择星形工具，如图6-21所示。在预览窗口中绘制需要的星形，在工具栏中找到填充图标 **Fill:■**，单击色块即可选择需要的颜色，这里我们选择红色。

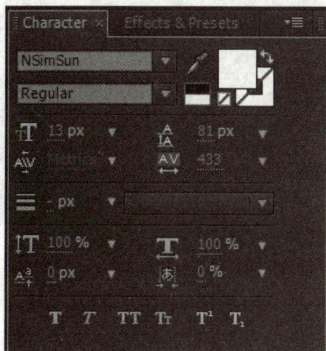

图6-20

图6-21

STEP 19 在时间线面板中，按住Ctrl键选中形状层和文字层，将它们进行预合成设置，这样便于对内容的修改和查找，如图6-22和图6-23所示。

图6-22

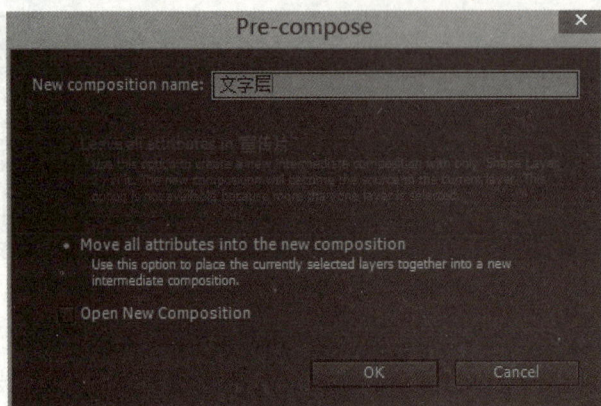

图6-23

STEP **20** 在预览窗口中查看画面的最终效果，如图6-24所示。

图6-24

AE 知识点拓展

知识点1　色彩调整的基本步骤

　　通常在后期中对画面色彩的修改称之为调整而非校正，校正的意思在于把错的颜色改为对的。但是这个范畴实在过于狭隘，在更多的情况下，画面是完好的，不用再次修改画面中的颜色。但色彩的表现力有非常多的表现方式，很多时候会将画面人为地进行某种色调的调整，以达到需要的画面色彩色调和倾向。所以进行这项工作的人一般不称为校色师，而称为调色师。

　　对画面进行调色是后期制作最基本的调整和修改了，下面介绍调色的三个步骤，分别为一级调色、局部调色（二级调色）、整体调色。

1. 一级调色（校色）

　　一级调色是对拍摄好的画面或素材进行初步的色彩调整。通常情况下是对画面中的色彩失衡部分进行校正，故一级调色也能理解为校色。此时校色师处在调色的初步阶段，但是校色也同样重要，没有一张平衡的色彩画面是无法调出优美的画面的。那么什么是影响画面的色彩失衡呢，从事影视拍摄人员一定知道，无论拍照或是摄影首要考虑的就是天气情况了，晴朗的天气里，一般在早晨6～8点是拍照的好时间段，因为那个时候的光线相对于中午的光线柔和许多，"硬度"没那么高。相比傍晚时，早晨是一天的初始光线，逐渐明亮，傍晚夕阳西下，光线随时间会亮度降低。所以有经验的调色师看到素材就能很快分析出是在什么时间段拍摄以及周围的情况是怎样的，如图6-25所示。

图6-25

2. 局部调色

　　二级调色也称之为局部调色，是对画面中的局部进行调整。当画面的色彩色调达到满意状态，但有一些局部区域需要进行调整时，就需要用到二级调色命令来调整。在这一阶段如果没有进行第一阶段的校色工作，那么想得到需要的画面是非常困难的，所以在工作中二级调色是更为重要的调色手段。

在After Effects中，对画面进行局部调色最为常见的类型是绘制Mask（遮罩）。通过对Mask的子参数进行调整，从而完成色彩局部的连贯运动调整效果。

本实例就是经过天空局部调色后的画面，在这个例子中，还需要对树叶、天空、山体等部分进行局部调色，以达到所需要的目的，如图6-26所示。

图6-26

3. 整体色彩调整

整体色彩的调整就是对画面整体色调的控制，为了整体画面的色彩统一，将会对画面进行整体的色彩控制，在把握大的色彩环境前提下进行整体调色，如图6-27所示。

图6-27

知识点2　Mask的类型

"Mask"是一个用路径绘制的区域，用于控制透明区域和不透明区域的范围。在After Effects中，用户可以通过遮罩绘制图形，控制效果范围中的各种富于变化的效果。当一个"Mask"创建后，位于"Mask"范围内的区域是可以显示的，区域外的图像被遮住不可见。

Mask分为内置图形与钢笔工具两个类型。

（1）Mask的基本绘制图形

Mask的基本绘制图形（内置图形）是Adobe After Effects CS6预设置的一些基本的Mask图形，如图6-28所示。

- Rounded Rectangle Tool：倒角方形工具。
- Ellipse Tool：圆形工具。
- Polygon Tool：多边形工具。
- Star Tool：五角星形工具。

（2）Mask钢笔工具

Mask钢笔工具是无规则随意编辑的Mask工具，可利用钢笔工具对不规则的选区进行划定，如图6-29所示。

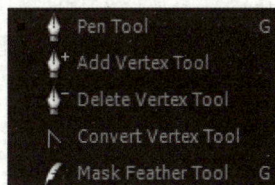

图6-28　　　　　　　　　　　图6-29

- Delete Vertex Tool：删除锚点工具。
- Convert Vertex Tool：编辑锚点工具。
- Add Vertex Tool：添加锚点工具。

知识点3　Mask的基本操作参数

在影视后期制作中，Mask遮罩的应用非常广泛，在一些复杂的场景中需要绘制一些简单的图形，Mask的功能就很好地体现出来了。在编辑和制作Mask的时候，要对Mask的基本参数进行调整。在同一层中，可添加多个Mask。每添加一个Mask，时间线面板中该层的基本参数中都会增添一个Mask，点开Mask的扩展三角图标，即可对Mask进行更为精细的编辑操作，如图6-30所示。

- Mask Path：遮罩形状。
- Mask Feather：遮罩羽化。
- Mask Opacity：遮罩不透明度。
- Mask Expansion：遮罩扩展。

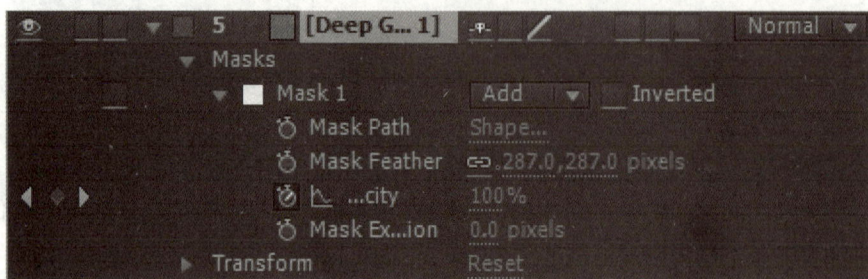

图6-30

提 示

　　Mask的属性参数"Mask Feather"（遮罩羽化）经常被使用到，例如制作动画光线。可以使用Mask的遮罩作用，通过路径动画制作出看似移动光线的效果。

知识点4 "Multiply" 正片叠底模式

　　在时间线面板中，每个图层都有属于自己的层模式，不同的模式根据层的上下层关系可实现不同的混合效果。在After Effects CS6中，层与层的叠加模式有很多种，常用的是"Multiply"正片叠底模式，利用得比较频繁。其原理和色彩模式中的"减色原理"是一样的。这样混合产生的颜色总是比原来的暗。如果与白色混合就不会对原来的颜色产生任何影响，而同黑色发生正片叠底的话，产生的就只有黑色，如图6-31所示。

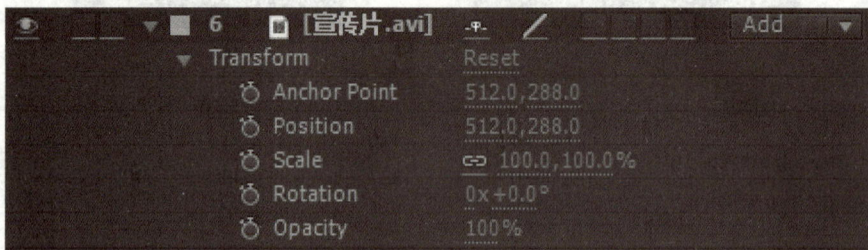

图6-31

AE 独立实践实训

实训2　树叶色彩调整

💻 实训背景

该镜头为《Welcome to Henan》的第一个镜头，用于展现人文社会生活。

💻 实训要求

对画面中高架护栏进行颜色调整，使画面体现出黄昏的暖色调，增强气氛的渲染效果。

播出平台：多媒体，河南电视台及其他地方电视台
制式：PAL制

💻 本实训掌握要点

技术要点：Mask关键帧的使用，层的基本属性的使用
问题解决：利用本模块介绍的方法进行Mask关键帧的制作
应用领域：影视后期
素材来源：资料\素材文件\模块06\实训1\工程文件\素材\宣传片.mov
作品展示：资料\素材文件\模块06\实训1\效果展示\宣传片.mov

💻 实训分析

01

02

03

04

05

06

07

08

09

💻 主要操作步骤

AE 职业技能考核

一、单选题

1. "Hue/Saturation" 滤镜属于（   ）滤镜组。

   A. Keying

   B. Color Correction

   C. Distrot

   D. Generate

2. 在 "Mask" 属性编辑中，"Mask feather" 的快捷键为（   ）。

   A. Ctrl+A

   B. F

   C. Y

   D. Ctrl+T

二、多选题

1. 在After Effects CS6中，对于生成遮罩（Mask）的描述不正确的是（   ）。

   A. 在准备建立遮罩的目标层上右击鼠标，执行 "Mask" → "New" → "Mask" 命令，绘制各种遮罩

   B. 利用在Adobe Photoshop或Adobe Illustrator中绘制的路径作为遮罩

   C. 可以用抓手工具绘制自由遮罩

   D. 矩形和椭圆遮罩工具可以绘制规则遮罩

2. 下列哪几种混和模式可使图层叠加后画面变暗？（   ）

   A. Multiply

   B. Screen

   C. Darker color

   D. Darken

3. 下列说法正确的是（   ）。

   A. 正片叠底模式的原理与色彩模式中的 "减色原理" 是一样的

   B. 正片叠底模式如果与白色混合就不会对原来的颜色产生任何影响，而同黑色发生正片叠底的话产生的就只有黑色

   C. 正片叠底模式同变暗模式的混合原理是相同的

   D. 在时间线面板中只有文字层有属于自己的层模式

三、填空题

1. 在进行Mask编辑时，"Mask" 的基本属性为 "蒙版羽化" _____、"蒙版路径" _____、"蒙版扩张" _____、"蒙版透明度" _____。

2. 在After Effects中，色彩调整的3个步骤分别为_____、_____、_____。

3. 正片叠底模式原理和色彩模式中的_____是一样的。

学习心得

制作剪纸动画

实训参考效果图：

能力掌握：

掌握如何使用平面素材在After Effects中制作动画镜头

重点掌握：

1. 掌握通过关键帧设定动画的方法
2. 了解层编辑、新建层和Comp的概念

知识目标：

1. PAL制项目工程文件设置
2. PSD文件素材导入
3. 层级关系与父子层关系，运动模糊

AE 模拟实践实训

实训1　制作剪纸摆拍镜头

💻 实训背景

　　现今无论平面或是影视都兴起一股扁平化设计潮流，剪纸摆拍的表现风格进一步被业内人士关注并使用。《南方公园》这部彻底颠覆传统风格的喜剧动画，成为美国历史上最流行、最疯狂、最具争议的动画片，同时也使得剪纸摆拍技术脱颖而出。本实训通过制作关键技术镜头来掌握剪纸摆拍的制作重点。

💻 实训要求

　　设计制作剪纸摆拍的运动效果，效果贴近真实，符合运动规律。

　　播出平台：多媒体以及各地方省电视台
　　制式：PAL制

💻 实训分析

　　剪纸摆拍效果的表现规律是，物体平面化，在运动的过程中为了画面的真实性，运动都是侧面或侧身显示，正是由于剪纸摆拍的局限性成就了它独树一帜的运动风格。前期需要在Photoshop平面软件中将物体的各个部分分解，对各个部分进行独立保存，再而将各个部分的素材导入到After Effects后期软件中编辑运动效果。在编辑过程中，会通过运用到父子级关键对素材各部分进行控制。

💻 本实训掌握要点

　　设定各层级之间的父子关系，改变各层素材中心点，设置位置、旋转关键帧动画。

　　技术要点：导入素材；新建固态层；设置关键帧动画；合并为"Comp"；添加特效
　　问题解决：学会使用添加特效功能，熟悉关键帧动画设置，了解父子层之间的关系
　　应用领域：影视后期
　　素材来源：资料\素材文件\模块07\实训1\工程文件
　　作品展示：资料\素材文件\模块07\实训1\效果展示\剪纸摆拍.avi
　　操作视频：资料\操作视频\模块07

💻 实训详解

以项目工程文件模式导入PSD素材并设置

STEP 01 启动After Effects，关闭引导页对话框。执行"File"→"Import"→"File"命令，弹出"Import File"对话框，选择素材"头.psd"，在对话框中设置"Import As"为

"Composition"，单击"打开"按钮，如图7-1所示。

STEP 02 在After Effects中，弹出"头.psd"对话框，单击"OK"按钮，完成psd素材的导入，如图7-2所示。

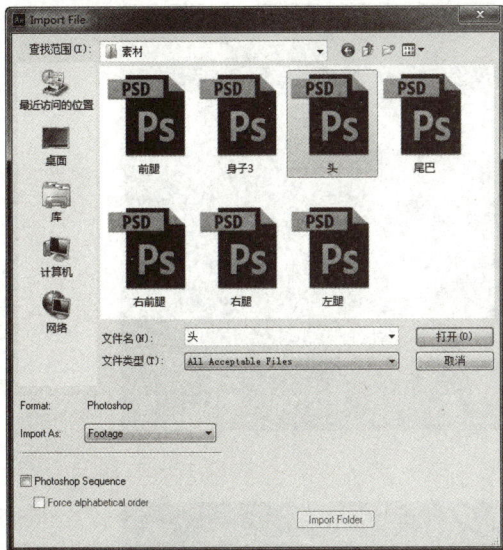

图7-1

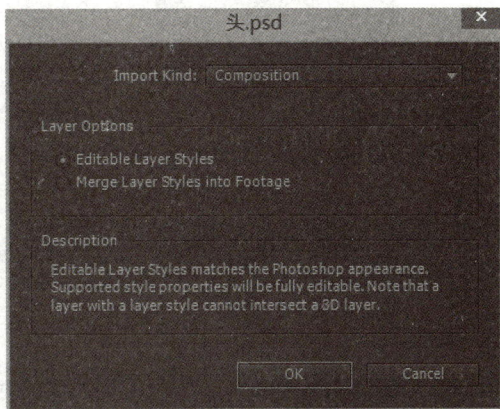

图7-2

提 示

导入PSD文件有很多种模式可选，可以使用Photoshop将需要制作动画的素材绘制完成，并将其分层保存为PSD格式，层的融合模式、风格、属性都会在After Effects中得到继承。

STEP 03 在"Project"面板中右击"头.psd"合成文件，在弹出的快捷菜单中执行"Composition Settings"命令，弹出"Composition Settings"对话框，在"Composition Name"中更改合成名为"剪纸摆拍合成"，设定"Preset"（预设置）为"PDL D1/DV"，设定"Resolution"（分辨率）为"Full"，设定时长为"0:00:07:00"，单击"OK"按钮，完成合成的基本信息设置，如图7-3和图7-4所示。

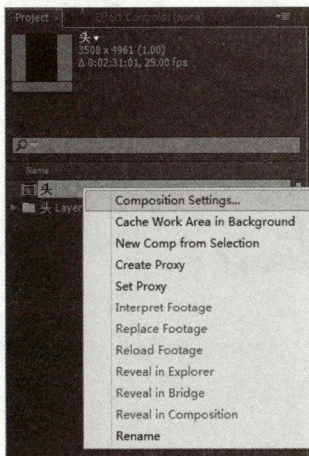

图7-3

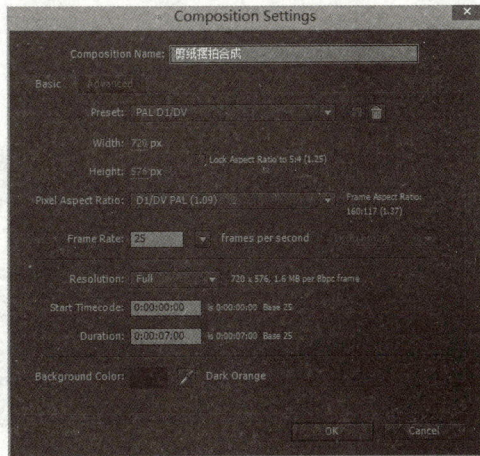

图7-4

STEP 04 在时间线面板中，用鼠标拉一个矩形框对素材层进行全选，按住S键，可以看到弹出各个素材层的"缩放"参数，更改第一个素材的缩放值为30，随即全部素材的缩放值均变为30，如图7-5和图7-6所示。

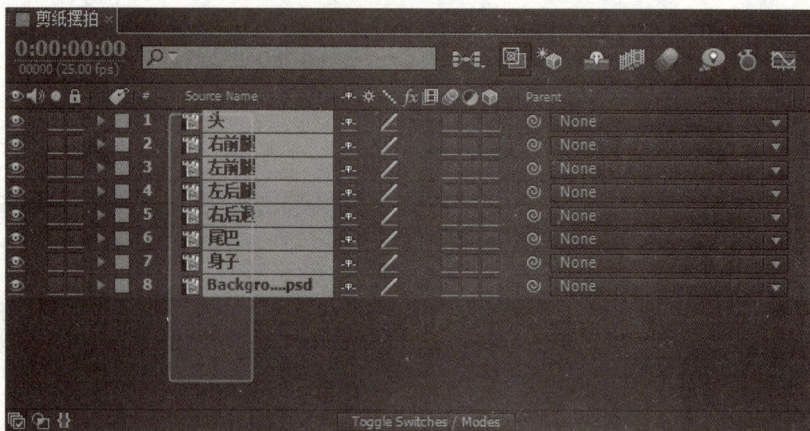

图7-5

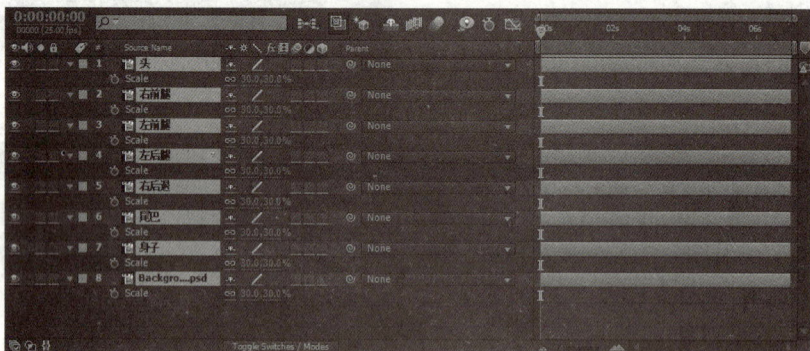

图7-6

STEP 05 调整素材层的位置，将"Background"层的眼睛图标取消，如图7-7所示。

图7-7

STEP 06 至此，编辑动画的素材的准备工作完成，如图7-8所示。

图7-8

中心点设置

STEP 07 下面开始对剪纸素材进行运动效果设置。由于预览窗口中的狮子的各个部分都是一个个独立的素材层，故剪纸摆拍的运动原理就是对各个部分进行关键帧运动设置，使画面中的狮子能模拟出真狮子的运动效果。在时间线面板中选中"右前腿"层，在工具栏中选择中心点工具 ▦ ，可以在预览窗口中看到画面中心出现该层的中心点，此时利用中心点工具将层的中心点拖曳到狮子的右腿位置，如图7-9所示。

图7-9

提示

中心点工具主要用于调整层的Anchor Point（锚点）的位置，也可以展开Transform选项中的Anchor Point（锚点）属性调整参数，效果是一样的。

STEP 08 前一步制作是因为需要对狮子腿部进行旋转运动来表现狮子奔跑的姿态,所以要将中心点位置放在这里,图层旋转即围绕该中心点进行。否则旋转起来狮子的腿部会和身体分离,无法达到预期效果。下面开始对"前右腿"设置关键帧动画,在时间线面板中选中"前右腿"层,按住R键该层的旋转参数显示,在0秒位置单击该层左侧的旋转参数秒表,打开关键帧。在预览窗口中单击图标 0:00:00:00,随即弹出"Go to Time"对话框,在对话框中输入"0:00:00:12",单击"OK"按钮,时间线指针随即跳转到"0:00:00:12"位置,更改旋转参数值为"93",如图7-10所示。

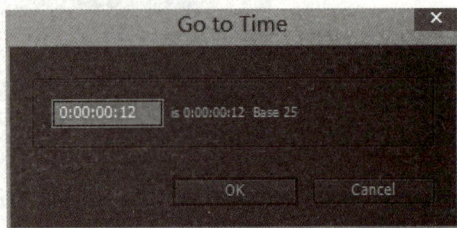

图7-10

关键帧动画设定

STEP 09 继续上一步骤的操作,将时间线指针移动至0:00:00:20,将参数值更改为"154"。再将时间线指针移动至0:00:01:14,将参数值更改为"8"。将时间线指针移动至0:00:02:15,将参数值更改为"140"。到这里"右前腿"关键帧运动到此结束,如图7-11和图7-12所示。

图7-11

图7-12

STEP 10 下面对狮子"左前腿"层设置关键帧动画,先利用中心点工具将层的中心点拖曳到狮子的左腿位置,如图7-13所示。

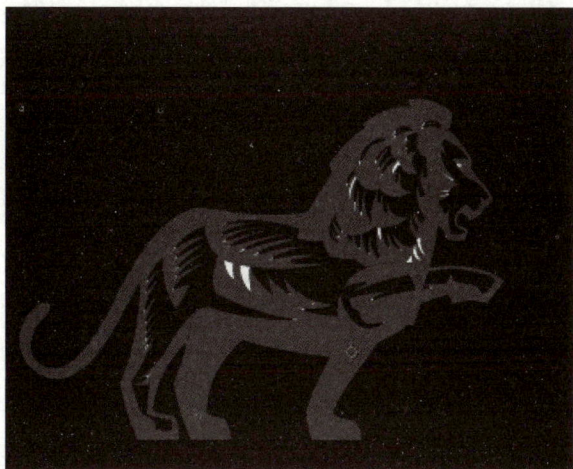

图7-13

调整中心点主要是为了将旋转属性的中心点设定好，物体的旋转是参照锚点的位置进行旋转。

STEP 11 按住R键，该层的旋转参数显示，在0秒位置单击该层旋转参数秒表，打开关键帧。在预览窗口中单击图标 0:00:00:00 ，弹出"Go to Time"对话框，在对话框中输入"0:00:00:12"，单击"OK"按钮，时间线指针随即跳转到"0:00:00:12"位置，更改旋转参数值为"-66"。将时间线指针移动至"0:00:00:24"，将参数值更改为"28"。再将时间线指针移动至"0:00:01:14"，将参数值更改为"-81"。将时间线指针移动至"0:00:02:15"，将参数值更改为"32"。"左前腿"关键帧运动到此结束，如图7-14和图7-15所示。

图7-14

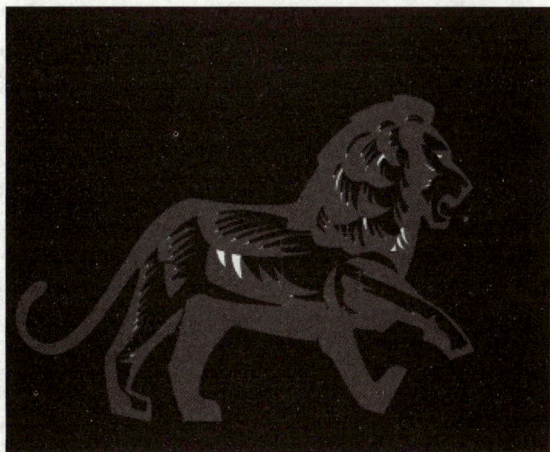

图7-15

STEP 12 接着对狮子"后左腿"层设置关键帧动画，利用中心点工具将层的中心点拖曳到狮子的后左腿位置，如图7-16所示。

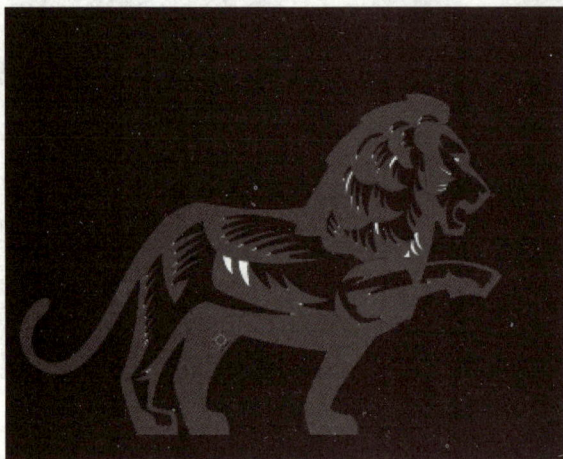

图7-16

STEP 13 选中该层，按住R键，显示该层的旋转参数，在3秒位置单击该层的旋转参数秒表，打开关键帧。在预览窗口中单击图标 0:00:00:00 ，弹出"Go to Time"对话框，在对话框中输入"0:00:00:15"，单击"OK"按钮，时间线指针随即跳转到"0:00:00:15"位置，更改旋转参数值为"65"。将时间线指针移动至"0:00:01:13"，将参数值更改为"-16"。再将时间线指针移至"0:00:02:15"，将参数值改为"55"。"后左腿"关键帧运动到此结束，如图7-17所示。

图7-17

STEP 14 选中"后右腿"层，利用中心点工具，将层的中心点拖曳到狮子的后右腿位置，如图7-18所示。

图7-18

STEP 15 在9秒位置单击该层的旋转参数秒表，打开关键帧。时间线指针跳转到"0:00:00:24"位置，更改旋转参数值为"44"。将时间线指针移动至"0:00:01:14"，将参数值更改为"5"。再将时间线指针移动至"0:00:02:15"，将参数值更改为"39"。"后右腿"关键帧运动到此结束，如图7-19和图7-20所示。

图7-19

图7-20

STEP 16 选中"尾巴"层，利用中心点工具，将层的中心点拖曳到狮子的尾巴位置，如图7-21所示。

图7-21

STEP 17 在0秒位置单击该层的旋转参数秒表，打开关键帧。时间线指针跳转到0:00:01:00位置，更改旋转参数值为"9"。将时间线指针移动至0:00:01:15，将参数值更改为"0"。再将时间线指针移动至0:00:02:13，将参数值更改为"33"。"尾巴"层关键帧运动到此结束，如

图7-22所示。

图7-22

STEP 18 步骤到这里，剪纸摆拍的基本运动完成，按空格键可以在预览窗口中看到关键帧设置后的运动效果，如图7-23所示。

图7-23

设置父子级关系

STEP 19 下面涉及本次实训中一个较为重要的知识点：父子级关系设置。父子级关系就是将两个图层进行绑定，通过作用于A图层的编辑效果，同时也在B层中得到相同的效果，父子级关系对于复杂文件素材会显得尤为重要。利用鼠标右键单击图层名称栏中的空白区域，在下拉菜单中执行"Columns"→"Parent"命令，随即可在时间线面板中显现，如图7-24所示。

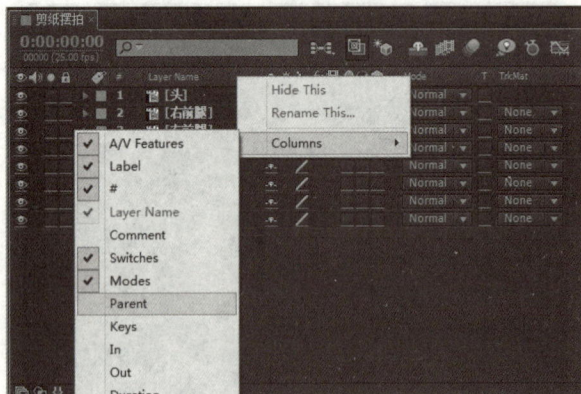

图7-24

STEP 20 执行"Layer"→"New"→"Adjustment Layer"命令，在时间线面板中出现调节层，用鼠标右键单击调节层，在下拉菜单中执行"Rename"（重命名）命令，更改为"父级"。下面开始对头层进行父级设置。在时间线面板中，找到头层对应的螺旋图标 ◎ ，拖曳到父级层上，松开鼠标，完成父级绑定，如图7-25所示。

图7-25

STEP 21 下一步对父级层进行旋转参数关键帧设置。在工具栏中选择中心点工具，将父级的中心点拖曳至头部位置，如图7-26所示。

图7-26

STEP 22 时间线指针跳转到0:00:01:14位置，旋转参数值为"0"。将时间线指针移动至0:00:02:15，将参数值更改为"-13"。"父级"关键帧运动到此结束，可以看到，对父级层进行关键帧运动的同时，被绑定的头层也产生了相同的变化，如图7-27和图7-28所示。

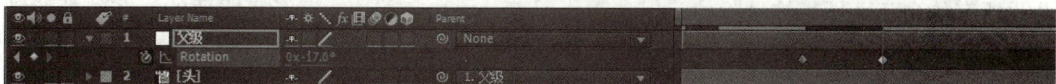

图7-27

图7-28

对画面瑕疵进行修正

STEP 23 狮子的基本运动到这里就完成了。由于素材本身存在一定的缺陷，可以看到狮子身上有一些不需要的白色区域存在，为了画面的完整性，需要将白色区域剔除掉。在"Project"面板中单击"Creat a New Composition"（创建一个新的合成）图图标，弹出"Composition Settings"对话框，在其中将合成名称更改为"finish"，单击"OK"按钮，如图7-29所示。

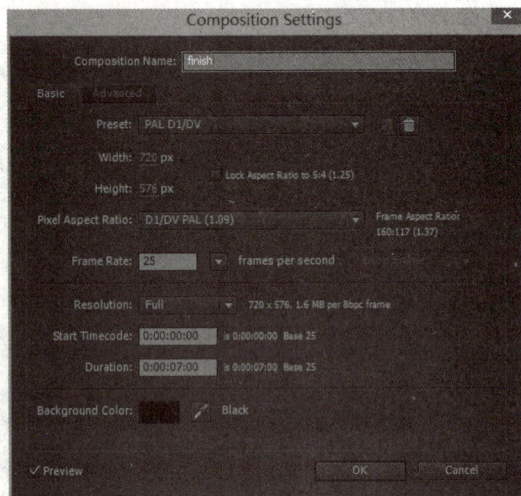

图7-29

STEP 24 在"Project"面板中，将"剪纸摆拍合成"层拖曳到"finish"合成的时间线面板中，选中该层，执行"Effect"→"Keying"→"Linear Color Key"命令，在特效控制面板中，对其进行参数设置，选择吸管工具，在预览窗口中单击狮子身上的白色区域，可以看到几乎所有的白色区域都被剔除掉，但是还残留着一些白色的边，这是不需要的。在特效控制台中找到"Matching Tolerance"参数项，更改其数值为60.0%。在预览窗口中可以看到，不需要的白色领域被完全剔除掉了，如图7-30和图7-31所示。

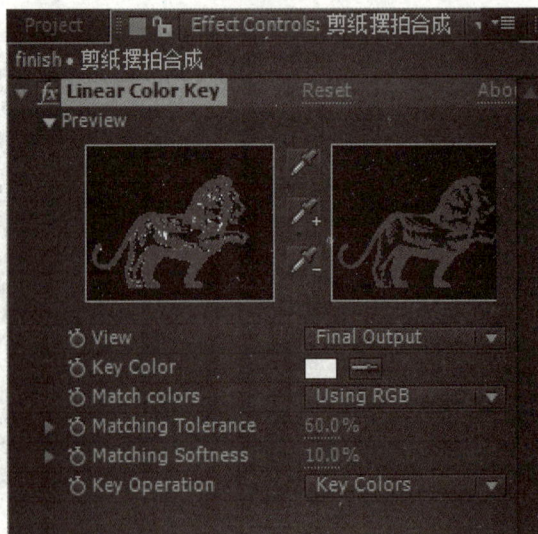

图7-30

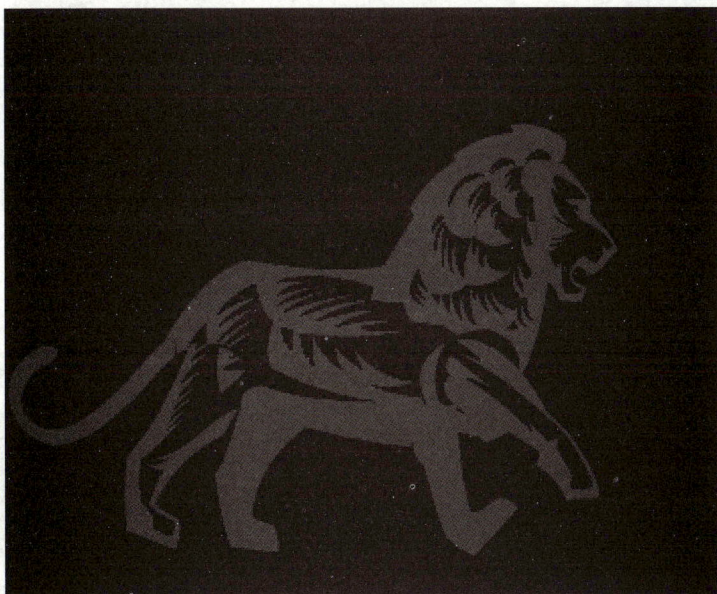

图7-31

STEP 25 下面给该层添加背景层效果，执行"Layer"→"New"→"Solid"命令，弹出
"Solid Settings"对话框，更改固态层名为"梯度渐变"，单击"OK"按钮，在时间线面板
中将出现"梯度渐变"层，如图7-32所示。

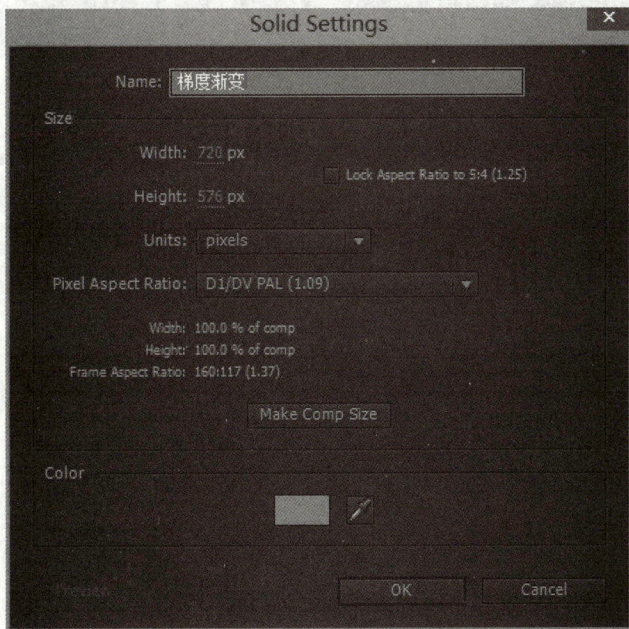

图7-32

STEP 26 对该层添加梯度渐变特效，执行"Effect"→"Generate"→"Ramp"命令，该特效
通过单击特效控制台中的两个色块来选取所需颜色进行渐变，如图7-33所示。

STEP 27 单击"Start Color"色块，弹出"Start Color"对话框，输入色值"BDA588"，如
图7-34和图7-35所示。

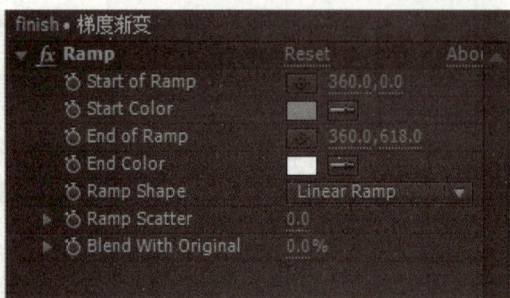

图7-33

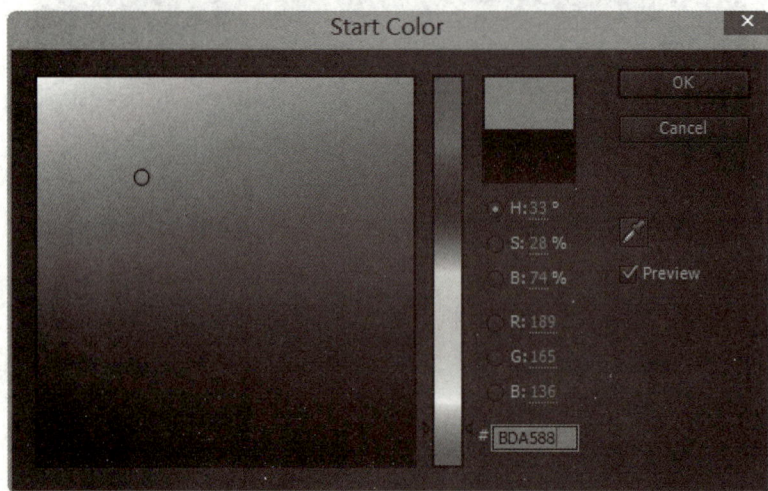

图7-34

图7-35

设置模糊运动效果

STEP**28** 新建调节层，对画面整体进行最后的修饰，执行"Layer"→"New"→"Adjust-ment Layer"命令，更改调节层名字为"Blur Layer"。对该层添加模糊特效，执行"Effect"→"Blur"→"Compound Blur"命令，将参数调整为2.0，如图7-36所示。

图7-36

STEP29 剪纸摆拍动画到这里已经完成，对层添加模糊可以模糊细节，掩盖瑕疵，画面运动起来更为顺畅，如图7-37所示。

图7-37

AE 知识点拓展

知识点1 素材导入

　　"文件"菜单下的"导入"（Import）命令主要用于导入素材，二级菜单中有五种不同的导入素材形式。After Effects并不是真的将源文件复制到项目中，只是在项目与导入文件间创建一个文件替身。After Effects允许用户导入素材的范围很广，对常见视频、音频和图片等文件格式支持率很高。特别是对Photoshop的PSD文件，After Effects提供了多层选择导入。可以针对PSD文件中的层关系，选择多种导入模式，如图7-38所示。

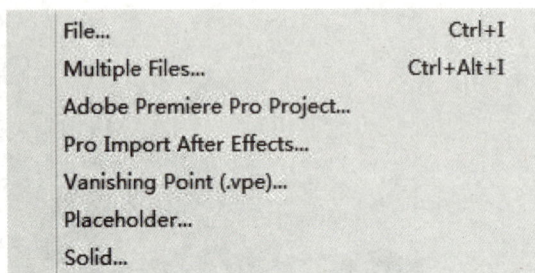

图7-38

　　File：导入一个或多个素材文件。执行"File"命令，弹出"Import File"对话框，选中需要导入的文件，单击"打开"按钮，素材将被作为一个素材导入项目，如图7-39所示。

　　当用户导入Photoshop的PSD文件、Illustrator的AI文件后，系统会保留图像的所有信息。用户可以将PSD文件以合并层的方式导入到After Effects项目中，也可以单独导入PSD文件中的某个层。这也是After Effects的优势所在，如图7-40所示。

图7-39

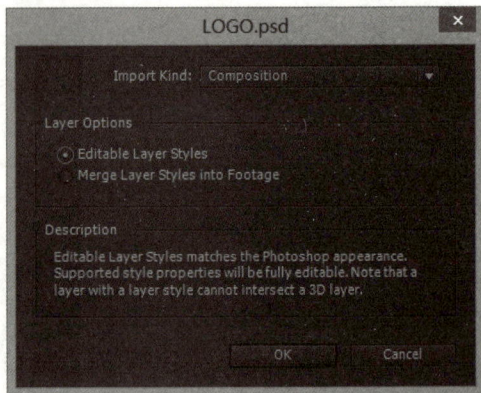

图7-40

当文件作为合并层图像导入时，素材名称为该图像文件的名称。素材名称将以"层名称/文件名"的组合方式显示，如图7-41所示。

当导入一个PSD文件时，利用"Import Multiple File"→"Import As"下拉菜单可以选择导入文件的类型，如图7-42所示。

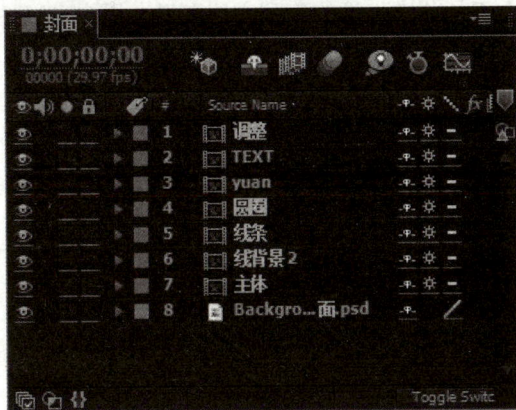

图7-41

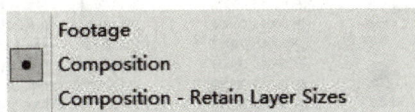

图7-42

- Footage：以素材形式导入，弹出对话框提示用户选择文件需要导入的层。
- Composition：以合成影像形式导入文件，文件的每一个层都作为合成影像的一个单独层，并改变层的原始尺寸来匹配合成影像的大小。
- Composition Retain Layer Sizes：以合成影像形式导入文件，文件的每一个层都作为合成影像的一个单独层，并保持它们的原始尺寸不变。

当文件以合成图像的形式导入时，After Effects将创建一个合成影像文件以及一个合成影像的文件夹。"Project"面板中的层与Photoshop中的层相对应。

用户也可以将一个文件夹导入项目窗口。单击对话框右下角的"Import Folder"按钮，导入整个文件夹，如图7-43所示。

图7-43

有时素材以图像序列帧的形式存在，这是一种常见的视频素材保存形式。文件由多个单帧图像构成，快速浏览时可以形成流动的画面，这是视频播放的基本原理。图像序列帧的命名是连续的，用户在导入文件中不必要选中所有文件，只需要选中首个文件，激活对话框左下角的导入序列选项（如"PNG Sequence""Targa Sequence"等），如图7-44所示。

图像序列帧的命名是有一定规范的，对于不是非常标准的序列文件来说，用户可以按字母顺序导入序列文件，勾选"Force alphabetical order"复选框即可，如图7-45所示。

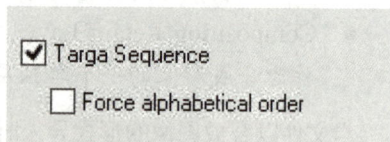

图7-44   图7-45

提 示

在向After Effects CS6导入序列帧时，请留意导入面板左方的"Targa Sequence"选项前是否被勾选。如果"Targa Sequence"选项为非勾选状态，那么After Effects CS6将只导入单张静态图片。默认情况下"Targa Sequence"处于非勾选状态。另外"Targa Sequence"选项下面还有一个"Force alphabetical order"选项，它是强制按字母顺序排序命令。默认状态下为非勾选状态，如果勾选，那么After Effects CS6将使用占位文件来填充序列中缺失的所有静态图像。例如，一个序列中的每张图像序列号都是奇数号，勾选"Force alphabetical order"选项后，偶数号静态图像将被添加为占位文件。

知识点2 预合成

"Pre-Compose"预合成命令主要用于建立"Composition"合成中的嵌套层。当制作的项目越来越复杂时，用户可以利用该命令选择合成影像中的层再建立一个嵌套合成影像层，这样可以方便用户管理。在实际的制作过程中，每一个嵌套合成影像层用于管理一个镜头或特效，创建的嵌套合成影像层的属性可以重新编辑。预合成可以对单个图层文件或者多个图层文件进行处理，如图7-46所示。

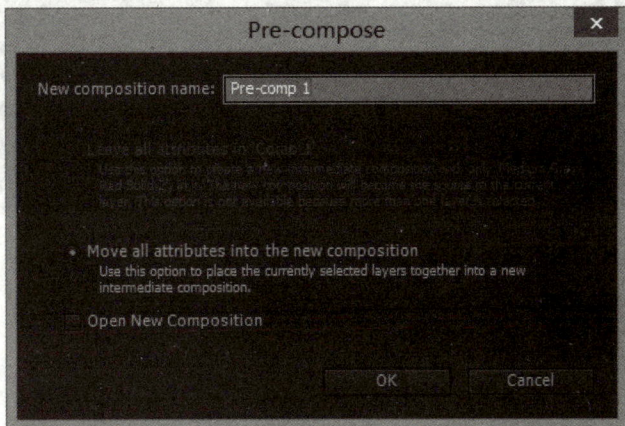

图7-46

知识点3　预览动画效果

　　一般情况下，在时间线面板中对素材进行一定程度的编辑后，需要对素材进行有声预览。这时候可以单击"Preview"面板中的"RAM Preview"按钮对素材进行预览，同时也可以单击键盘上的0键来进行预览，有声预览的速度取决于所编辑处理的AE素材预览效果时间的长度以及复杂程度，工程文件越是复杂所需要的预览时间就相应得越长，如图7-47所示。

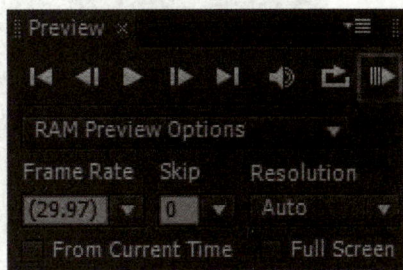

图7-47

知识点4　文件存储

　　在After Effects CS6中，文件的储存命令包括"File"→"Save"、"File"→"Save As"、"File"→"Save a copy"、"File"→"Save a copy As XML..."、"File"→"Save a copy As CS5.5..."等。其中常用的存储命令主要是"File"→"Save"、"File"→"Save as"，快捷键分别是Ctrl+S和Ctrl+Shift+S，这两种存储方式之间存在一些差别：当使用"File"→"Save"命令进行保存时，会对前面保存的文件进行覆盖；使用"File"→"Save as"命令进行存储时会在新的路径下面重新创建一个命名文件后保存。

知识点5　Transform参数

　　在After Effects中，时间线面板中的每一个素材层都会有"Transform"属性编辑。这五个基础属性是AE中所有后期动画效果实现的基础，因此很有必要对它们进行全面的掌握。如图7-48所示，分别是"Position""Rotation""Anchor Point""Opacity"和"Scale"参数。

图7-48

知识点6　设置父子关系

可以通过两种方法设置父子关系：第一种是使用菜单命令确定父层；第二种是在时间线面板中选择"Parent"下拉菜单中的选项作为父层。例如，选中"头"层，单击该层的"Parent"栏下的三角按钮，弹出快捷菜单，如图7-49和图7-50所示。

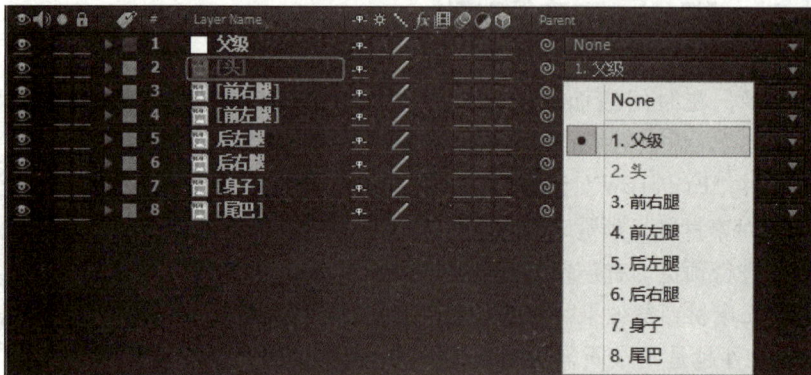

图7-49

图7-50

AE 独立实践实训

实训2 完成纸牛镜头的动画设置

🖥 实训背景

剪纸摆拍是极具东方风格的运动效果，由过去的皮影戏演变而来，近年来成为流行的运动效果。通过本实训要掌握剪纸摆拍的模拟制作特点。

🖥 实训要求

设计制作剪纸摆拍元素，使肢体运动并控制屏幕模糊程度，要求符合剪纸摆拍的运动规律。

> 播出平台：多媒体及各地方电视台
> 制式：PAL制

🖥 本实训掌握要点

> 技术要点：导入素材；设置关键帧动画；新建固态层；合并为"Comp"；添加特效
> 问题解决：熟悉关键帧动画设置，了解父子层之间的关系，学会使用添加特效功能
> 应用领域：影视后期
> 素材来源：资料\素材文件\模块07\实训2\工程文件
> 作品展示：无

🖥 实训参考效果图

01

💻 实训分析

02

03

04

💻 主要操作步骤

05

06

07

08

09

AE 职业技能考核

一、单选题

1. 下列选项中，删除关键帧的方法对的是（　　）。

　A. 选中要删除的关键帧，执行"Edit"→"Cut"命令

　B. 选中要删除的关键帧，选中关键帧导航器

　C. 选中要删除的关键帧，按Backspace键

　D. 选中要删除的关键帧，按Delete键

2. 对图层进行拷贝命令的快捷键是（　　）。

　A. Save；Save

　B. Ctrl+D

　C. Save；Save As

　D. Ctrl+Shift+C

二、多选题

1. 当"Layer"作为"Comp"存在的时候，下列描述正确的是（　　）。

　A. 对Comp的操作会影响到Layer

　B. 对Layer的操作不会影响到Comp

　C. 对Comp的操作不会影响到Layer

　D. 对Layer的操作不会影响到Comp

2. 导入PSD这样含有图层的文件，下列描述正确的是（　　）。

　A. 可以单独导入PSD中的某个图层

　B. 不可以同时导入PSD中的任意几个图层

　C. 不可以将PSD视作独立素材直接导入

　D. 不可以将PSD文件直接导入为"Comp"

3. 下列说法正确的是（　　）。

　A. 在工具栏中选择锚点工具🔲，可以对画面中的中心点位置进行移动

　B. 在工具栏中选择锚点工具🔲，可以对画面中的位置进行移动

　C. 在工具栏中选择锚点工具🔲，可以对摄像机的位置进行调整

　D. 在工具栏中选择锚点工具🔲，可以对文字中的位置进行移动

三、填空题

1. 执行"Composition"→"_____"命令改变的是背景颜色。

2. 在时间线面板中的每个图层都有"Transform"属性编辑，快捷键分别代表的内容如下，A是_____，P是_____，S是_____，R是_____，T是_____。

3. 对素材进行父级设置，通常情况下在_____进行设置。

学习心得

模块
08 跳动的旋律

实训参考效果图：

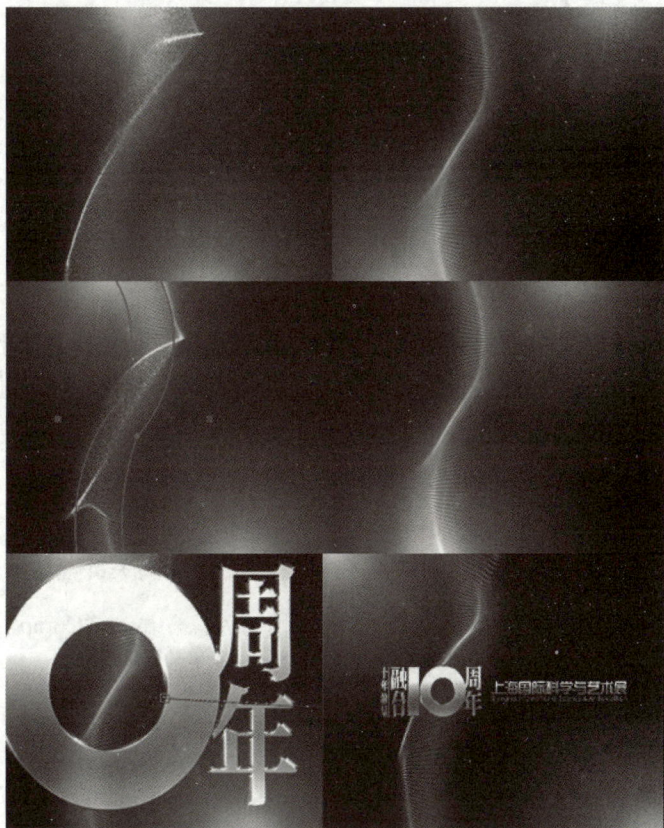

能力掌握：

掌握使用"Form"插件制作粒子同音乐节奏相结合的效果

知识目标：

1. PAL制项目工程文件设置
2. 基本参数的编辑应用

重点掌握：

1. 掌握通过关键帧设定动画的方法
2. 了解层编辑、新建层和Comp的概念

AE 模拟制作实训

实训1　上海国际科学与艺术展片头

🖥 实训背景

Form是一款功能非常强大的粒子插件，熟练掌握Form能够极大地扩展特效的制作深度和广度。在上海国际科学与艺术展片头上，将Form的粒子效果同音乐进行融合，达到一种别样的生动画面感受。

🖥 实训要求

使用"Form"插件制作粒子与音乐相结合的运动效果，效果贴近真实，符合运动规律。

播出平台：多媒体以及上海电视台
制式：PAL制

🖥 实训分析

Trapcode Form是一款AE插件，是基于网格的3D粒子旋转系统。它被用于创建流体、器官模型、复杂的几何图形等。将其他层作为贴图，使用不同的参数，可以进行无止境的独特设计。在本实训中，利用音乐的节奏同Form粒子运动规律相结合。

🖥 本实训掌握要点

设定各层级之间的层模式，改变各层顺序，设置位置、旋转关键帧动画。

技术要点：导入素材；新建固态层；设置关键帧动画；合并为"Comp"；添加特效
问题解决：学会使用添加插件特效功能，熟悉关键帧动画设置
应用领域：影视后期
素材来源：资料\素材文件\模块08\实训1\工程文件
作品展示：资料\素材文件\模块08\实训1\效果展示\国际艺术展.mov
操作视频：资料\操作视频\模块08

🖥 实训详解

STEP 01　运行软件After Effects，执行"Composition"→"New Composition"命令，弹出"Composition Setting"对话框，将合成名称更改为"国际艺术展"，持续时间为15秒，如图8-1所示。

STEP 02　在执行"File"→"Import"命令，弹出"Import File"对话框，选中需要的素材，单击"打开"按钮，即可将其导入到"Project"面板中，如图8-2所示。

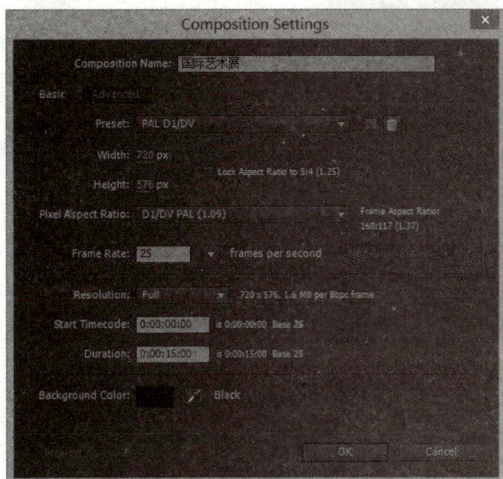
图8-1

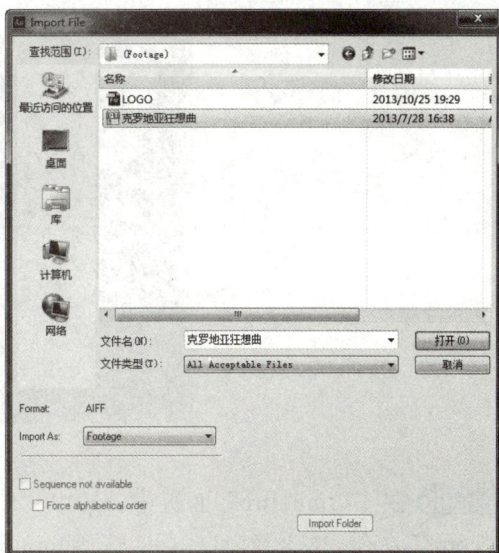
图8-2

STEP 03 在此提醒大家，音乐文件的格式有一定要求，即文件格式的后缀名必须是"aiff"，这才是需要的音乐文件，否则无法对后续操作效果直接显现，如图8-3所示。

图8-3

提 示

After Effects中可以导入的音乐文件格式很多，WAV、MP3等文件格式都可以被导入进来。需要注意的是，并不是每种解码方式都可以被导入进来。如果不能导入，可以使用其他格式转换工具进行转换再导入进来。

STEP 04 将音乐素材用鼠标直接拖曳到时间线面板上，执行"Layer"→"New"→"Solid"命令，弹出"Solid Settings"对话框，更改名称为"form"，单击"OK"按钮，如图8-4所示。

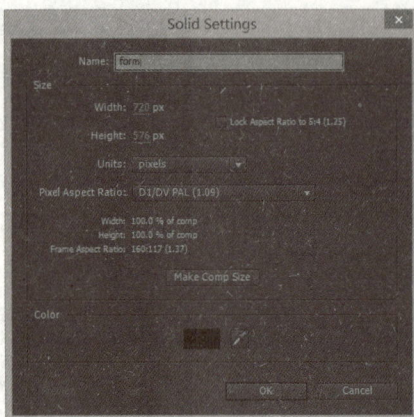

图8-4

STEP 05 在 "Timeline" 面板中，选中 "form" 层，执行 "Effect" → "Trapcode" →
"Form" 命令，在合成窗口中可以看到form层产生的变化，如图8-5所示。

图8-5

下面开始通过插件Form制作流体随音乐起舞的效果，并对其参数进行设置。

STEP 06 点开 "Base Form" 参数旁的小三角图标，展开其隐藏选项，修改参数Size X为300、
Size Y为1110、Particles X为438、Particles Y为455、Particles Z为1、CenterXY为 "381.0,488.0"、
CenterZ为-210，如图8-6所示。对参数修改完之后，单击之前的小三角图标，将 "Base
Form" 的子参数选项隐藏，这样便于节省空间和查找参数项。

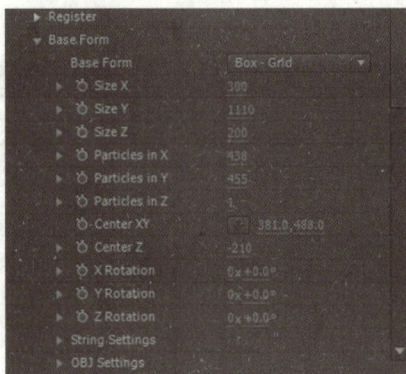

图8-6

STEP 07 在合成窗口中预览调整参数后的form形状，如图8-7所示。

图8-7

STEP 08 点开 "Particle" 参数旁的倒三角图标，展开其隐藏选项，对其子参数选项进行修改：将 "Size" 更改为2，将 "Opacity" 更改为40，如图8-8所示。

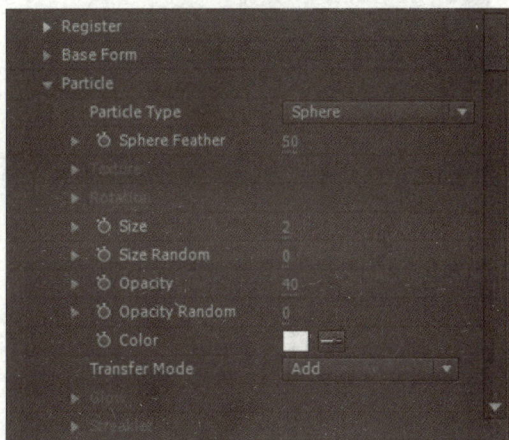

图8-8

STEP 09 单击 "Color" 参数项旁的白色色块，弹出 "Color" 对话框，输入色值 "01212E"，如图8-9所示。

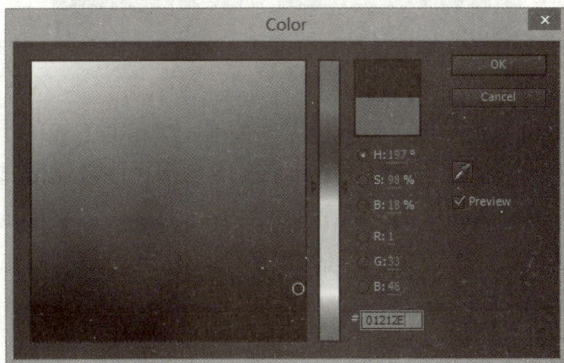

图8-9

提 示

颜色可以根据自己的喜好自主选择。

STEP 10 参数修改完成后，单击其隐藏子参数选项的三角图标。以上步骤是通过更改参数得到所要制作的流体的形状和颜色。下面是对流体的不透明度进行局部调整，单击"Quick Maps"参数的三角图标，展开其子参数项，并找到"Map #1 to"参数，单击右边的"size"项，在下拉菜单中选择"Opacity"参数，如图8-10所示。

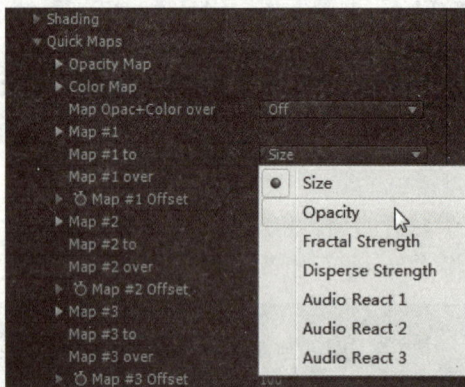

图8-10

STEP 11 在"Map #1 to"参数项的下方找到"Map #1 over"参数，单击其右边的"off"参数项，在下拉列表中选择"X"项，如图8-11所示。

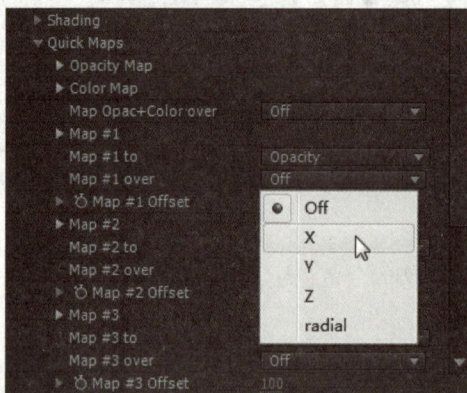

图8-11

STEP 12 找到"Map #1 to"上方的"Map #1"参数项，单击其右边的小三角图标，即可看到不透明度分布图像。分布的原理是在图像中红色区域表示物体显现情况，如果图像中全部为红色，说明物体完全显现无透明情况。在图像右侧有好几种不透明度显现的模式，"从左至右逐渐显现""从右至左""逐渐显现左右两端虚化，中间不透明度达到最大"等好几种不透明度显现模式。

选择图像右侧从上到下数第4种模式——"逐渐显现左右两端虚化，中间不透明度达到最大"，这是需要的效果，如图8-12所示。

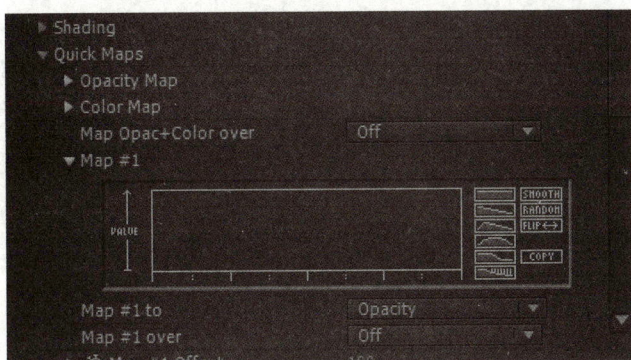

图8-12

STEP 13 在合成窗口中预览效果，如图8-13所示。

图8-13

STEP 14 下面开始进入最关键的步骤，将制作好的form层同音乐素材绑定起来，并使得form产生的效果的运动节奏同音乐节奏相一致。下面开始进行制作，找到"Audio React"参数选项，展开其子参数选项，在"Audio React"参数项右边单击"None"项，在其下拉列表中选择"克罗地亚狂想曲.aiff"。这样就将form层同音乐素材绑定在一起了，如图8-14所示。

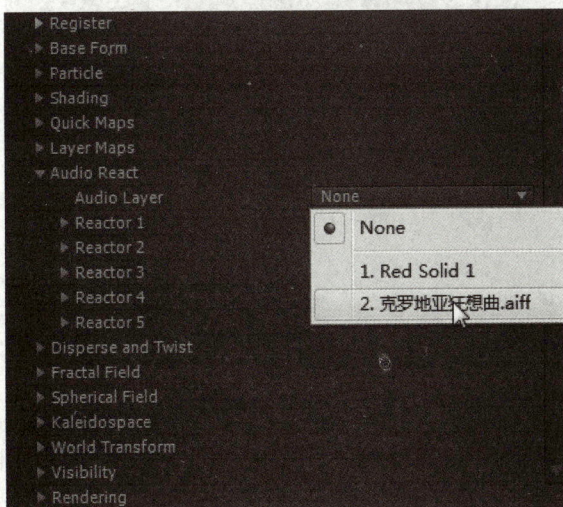

图8-14

STEP 15 下面开始对运动效果进行制作，在"Audio React"参数项下方，可以看到"Reactor 1""Reactor 2""Reactor 3""Reactor 4""Reactor 5"5个参数，通过对这5项参数分别进行不同的参数修改，可以得到所需要的效果。展开"Reactor 1"的三角图标，出现其子参数项，找到"Map To"参数项，单击其右方的"off"选项，在下拉列表中选择"Fractal"选项。该步骤是为了后面对"Fractal"参数进行具体调整，得到想要的效果，并且效果的节奏同音乐素材的节奏相一致所做的重要步骤，如图8-15所示。

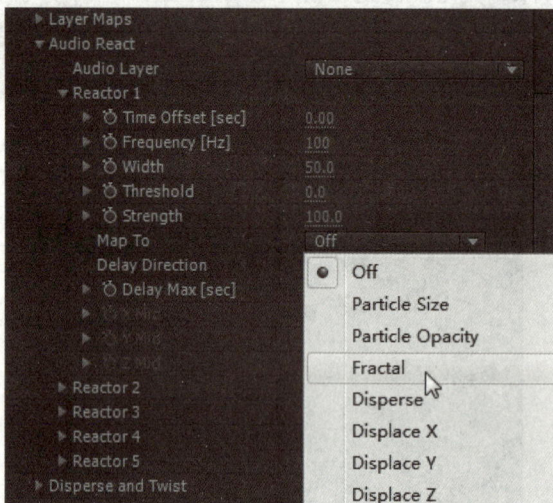

图8-15

STEP 16 在"Map To"参数项下方找到"Delay Direction"参数项，在其下拉列表中选择"Y Bottom to Top"参数选项，该步骤的作用是控制后续效果的运动方向，该选项让运动效果从底部运动到顶部，如图8-16所示。

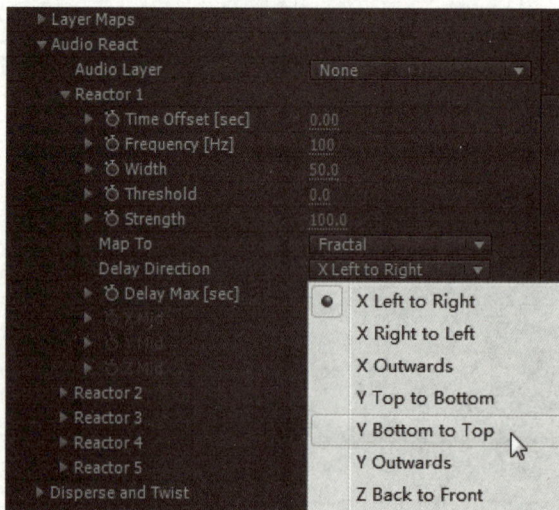

图8-16

STEP 17 单击"Audio React"参数的小三角图标，将扩展的子参数项隐藏。找到"Fractal Field"参数，单击其扩展图标，对其子参数进行修改，设置Displace为382、Flow X为5、Flow Y为-5、Flow Evolution为1、F Scale为6、Complexity为2，如图8-17所示。

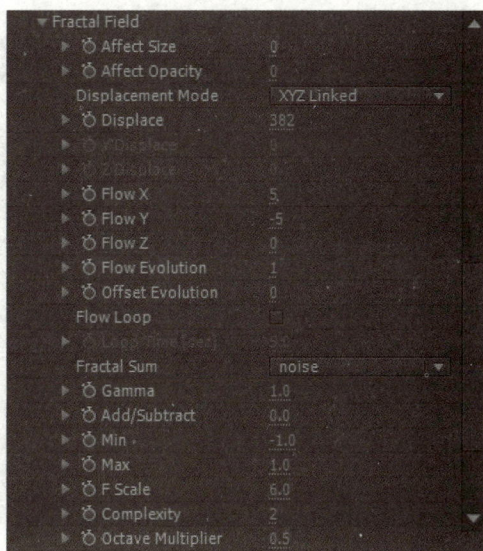

图8-17

STEP 18 单击"Fractal Field"扩展图标，将其子参数项隐藏。回到"Audio React"的子参数项Reactor 1中，更改参数项Frequency为2100、Width为100、Threshold为50、Strength为100、Delay Max为1.0，如图8-18所示。

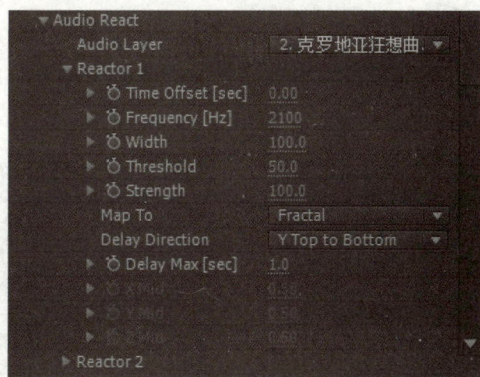

图8-18

STEP 19 第一个Reactor到这里已经制作完成，选中音乐素材，在时间线面板中展开隐藏参数项"Waveform"，即可在时间线面板中观看到音乐的波形情况，将指针移至波形图层的位置观看效果，如图8-19所示。

图8-19

STEP 20 在合成窗口中预览效果，如图8-20所示。

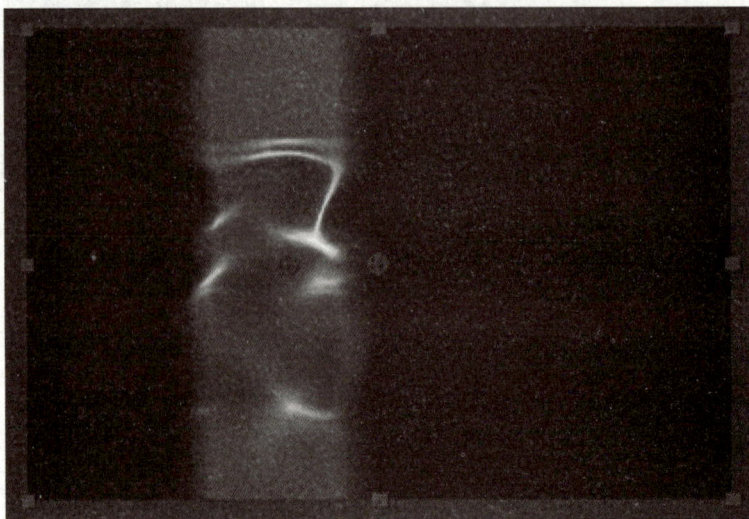

图8-20

STEP 21 下面开始"Reactor 2"效果的制作，将"Reactor 1"子参数项隐藏。展开"Reactor 2"的子参数项，找到"Map To"参数，单击其右方的"off"选项，在下拉列表中选择"Disperse"。该步骤是为了后面对"Disperse"参数项进行具体调整得到所需的效果，并且效果的节奏同音乐素材的节奏相一致的重要步骤，如图8-21所示。

STEP 22 在"Map To"参数项下方找到"Delay Direction"参数项，在其下拉列表中选择"Y Top to Bottom"参数选项，该步骤的作用是控制后续效果运动的方向，该选项让运动效果从底部运动到顶部，如图8-22所示。

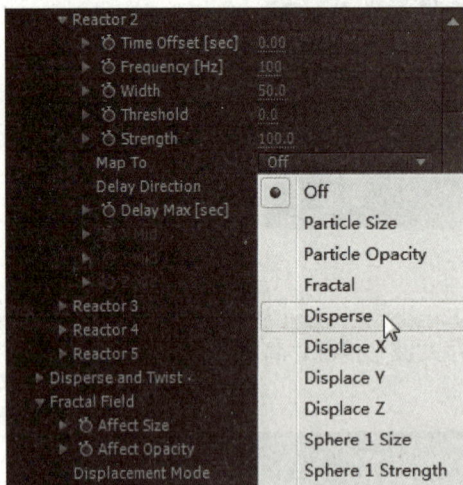

图8-21

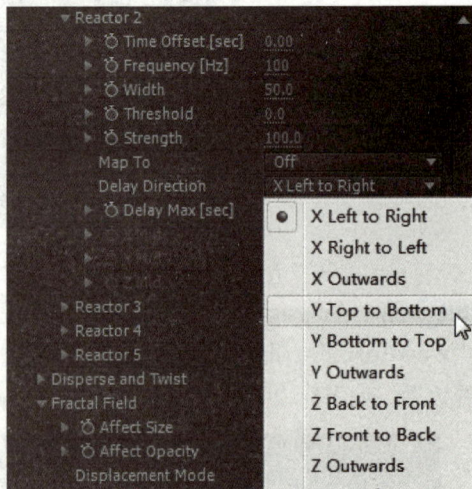

图8-22

STEP 23 单击"Audio React"的小三角图标，将扩展的子参数项隐藏，找到"Disperse and Twist"参数，单击其扩展图标，对其子参数进行修改，设置Disperse为6，如图8-23所示。

STEP 24 单击"Disperse and Twist"扩展图标，将其子参数项隐藏，回到"Audio React"的子参数项Reactor 2中，更改参数项Frequency为1700、Width为50、Threshold为88、Strength为65、Delay Max为1.0，如图8-24所示。

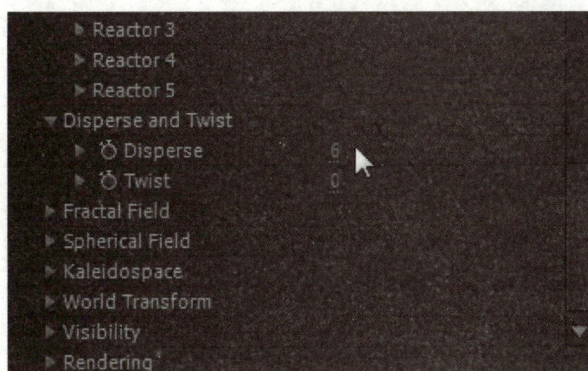

图8-23

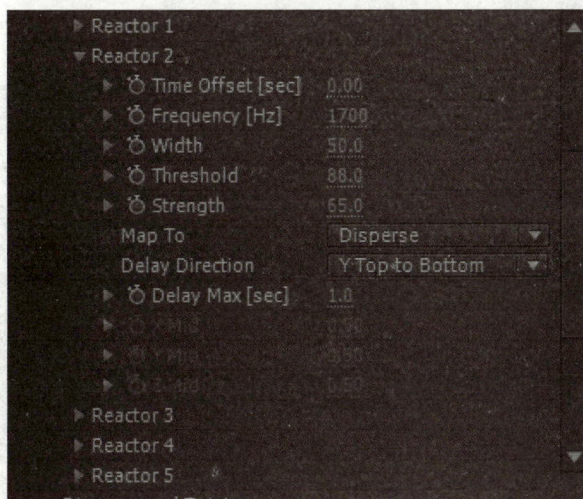

图8-24

STEP 25 第二个Reactor到这里已经制作完成，在合成窗口中预览效果，如图8-25所示。

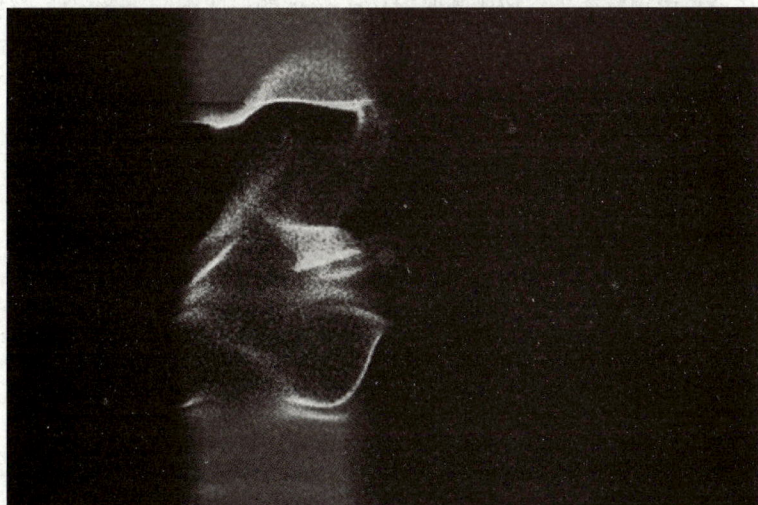

图8-25

STEP 26 下面开始"Reactor 3"的效果制作，展开"Reactor 3"的子参数项，找到"Map

To"参数，单击其右方的"off"选项，在下拉列表中选择"Sphere 1 Size"，该步骤同前面的"Reactor 1"和"Reactor 2"的操作相同，为后面的效果同音乐节奏相一致而起到的绑定作用，如图8-26所示。

STEP 27 单击"Audio React"的小三角图标，将扩展的子参数项隐藏，找到"Spherical Field"参数，单击扩展图标，对子参数进行修改，找到子参数项中最底部的参数项"Visualize Field"，勾选该项；对其他参数进行修改，设置Strength为42.0、Position XY为"122.0,144.0"、Position Z为-80、Radius为360.0、Feather为68.0，如图8-27所示。

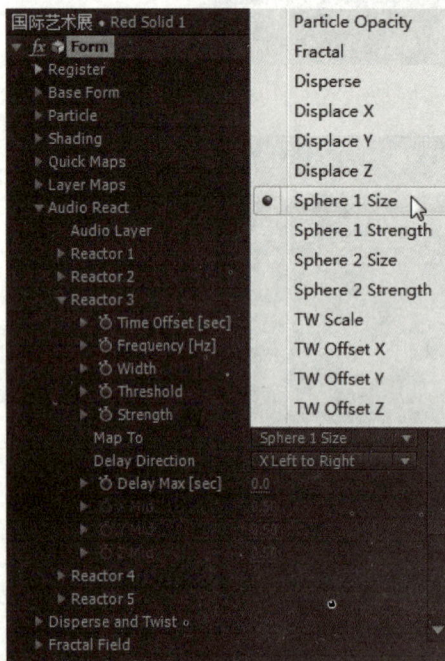

图8-26

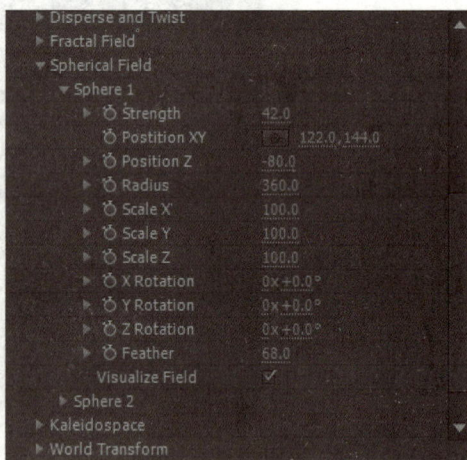

图8-27

STEP 28 在合成窗口中预览效果，该步骤是对form流体的形状进行变形扭曲，达到一定的视觉光感效果，如图8-28所示。

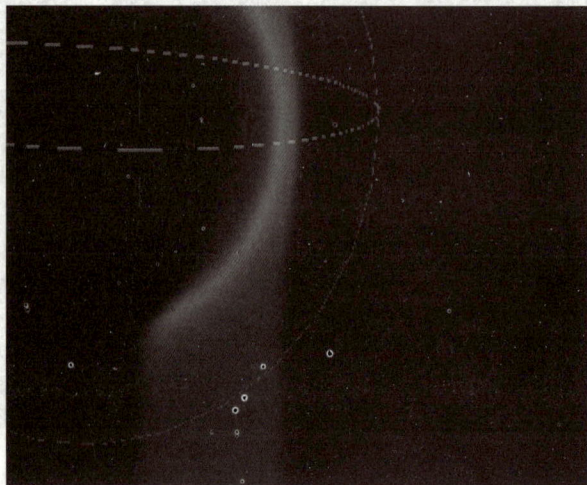

图8-28

STEP 29 单击"Spherical Field"参数扩展图标，将其子参数项隐藏，回到"Audio React"的子参数项"Reactor 3"中，更改参数项Frequency为29、Width为1、Threshold为29、Strength为10、Delay Max为1.0，如图8-29所示。

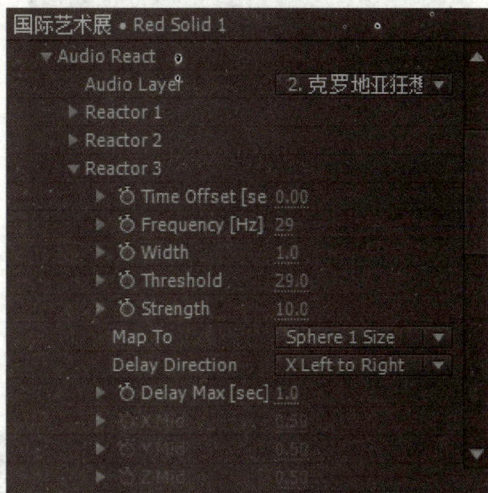

图8-29

STEP 30 下面开始"Reactor 4"的效果制作，展开"Reactor 4"的子参数项，找到"Map To"参数，单击其右方的"off"选项，在下拉列表中选择"Sphere 2 Size"，该步骤同前面的操作相同，如图8-30所示。

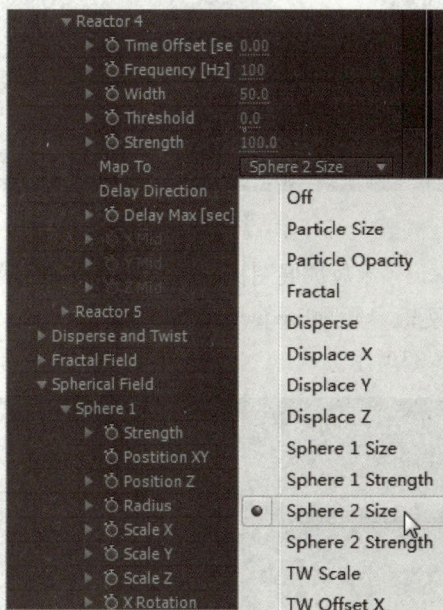

图8-30

STEP 31 单击"Audio React"的小三角图标，将扩展的子参数项隐藏。找到"Spherical Field"参数，单击其扩展图标，对其子参数进行修改，找到其子参数项中最底部的参数项"Visualize Field"，勾选该项；对其他参数进行修改，设置Strength为48.0、Position XY为"443.0,451.0"，Radius为27.0、Feather为50.0，如图8-31所示。

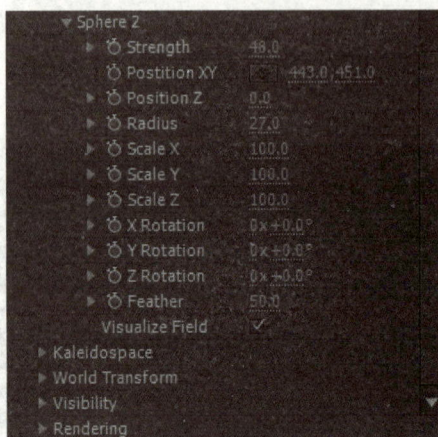

图8-31

STEP32 在合成窗口中预览效果，如图8-32所示。

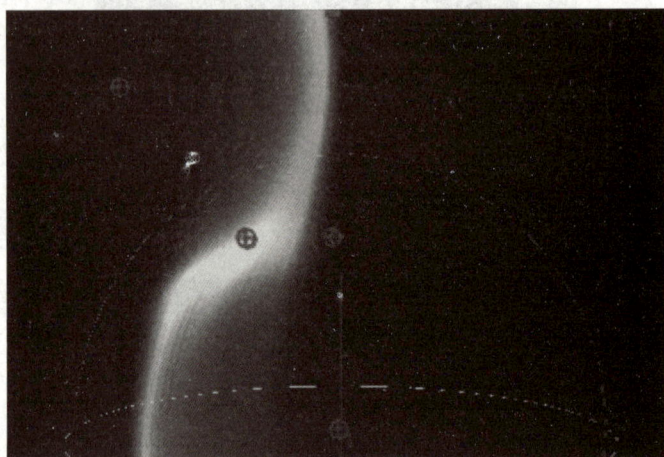

图8-32

STEP33 单击"Spherical Field"参数扩展图标，将其子参数项隐藏，回到"Audio React"的子参数项"Reactor 4"中，更改参数项Frequency为20、Width为1、Threshold为27、Strength为10、Delay Max为1.0，如图8-33所示。

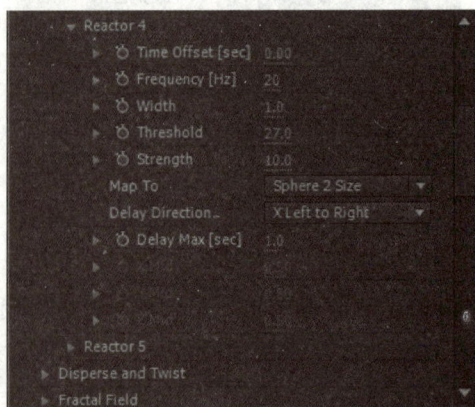

图8-33

STEP 34 下面开始"Reactor 5"的效果制作，展开"Reactor 5"的子参数项，找到"Map To"参数，单击其右方的"off"选项，在下拉列表中选择"Displace X"，并更改"Threshold"参数为30，如图8-34所示。

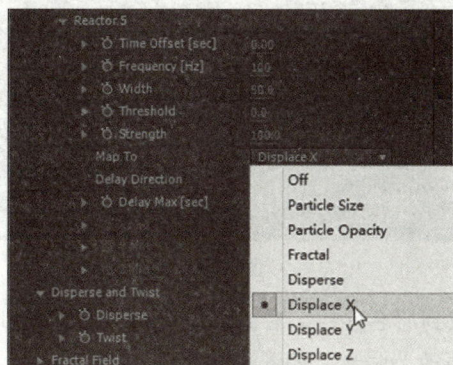

图8-34

STEP 35 在合成窗口中预览效果，步骤到这里音乐流体的运动基本完成，如图8-35所示。

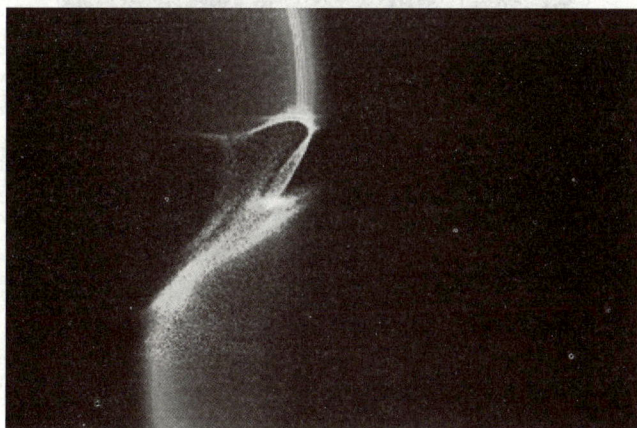

图8-35

STEP 36 为了让画面更有层次感，可以给画面添加一些辅助效果。执行"Layer"→"New"→"Solid"命令，弹出"Solid Settings"对话框，更改名称为"mask"，将颜色改为暗紫红色，单击"OK"按钮，如图8-36所示。

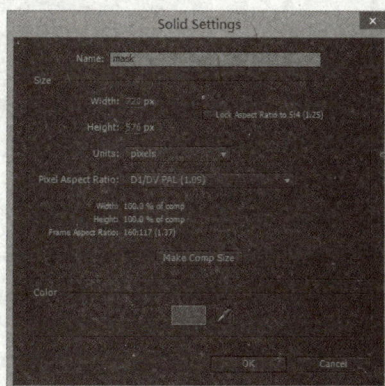

图8-36

STEP 37 对该Mask层绘制Mask，Mask的形状同Form层流体的形状相符，将蒙版羽化数值更改为38，如图8-37所示。

图8-37

STEP 38 在时间线面板中找到原名称栏，右键单击空白区域，在列表中选择模式，显现模式参数项，并将Mask层模式更改为强光，如图8-38所示。

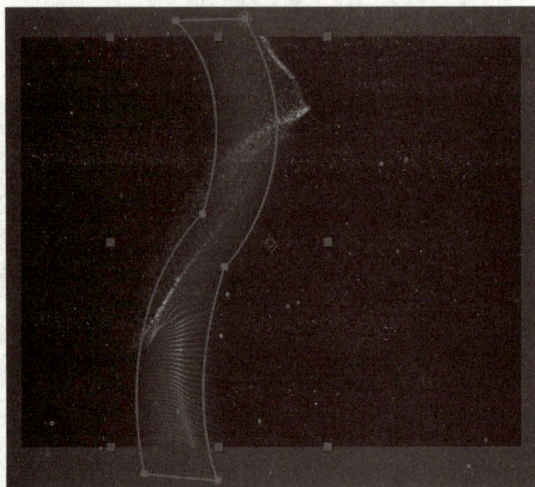

图8-38

STEP 39 执行"Layer"→"New"→"Solid"命令，弹出"Solid Settings"对话框，更改名称为"light"，将颜色改为黑色，单击"OK"按钮，如图8-39所示。

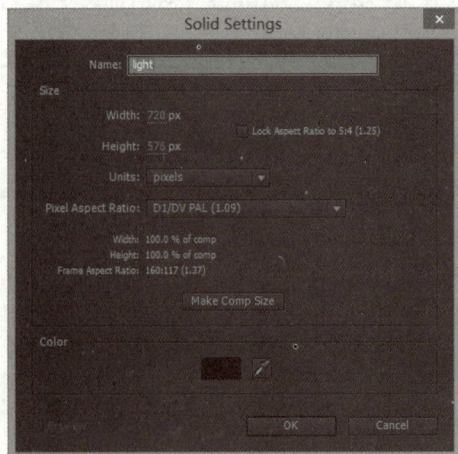

图8-39

STEP**40** 对该层添加"Effect"→"Generate"→"Lens Flare"效果，在效果控件面板中找到镜头类型参数，将类型更改为105mm定焦。选中"Lens Flare"，执行"Edit"→"Duplicate"命令，将两个镜头的光晕效果分别放置于合成画面的左下角和右上角。将层模式更改为"Screen"，如图8-40所示。

图8-40

STEP**41** 对该层添加"Effect"→"Color Correction"→"Hue/Saturation"特效，勾选"Colorize"参数选项，设置着色色相为266，着色饱和度为31，如图8-41所示。

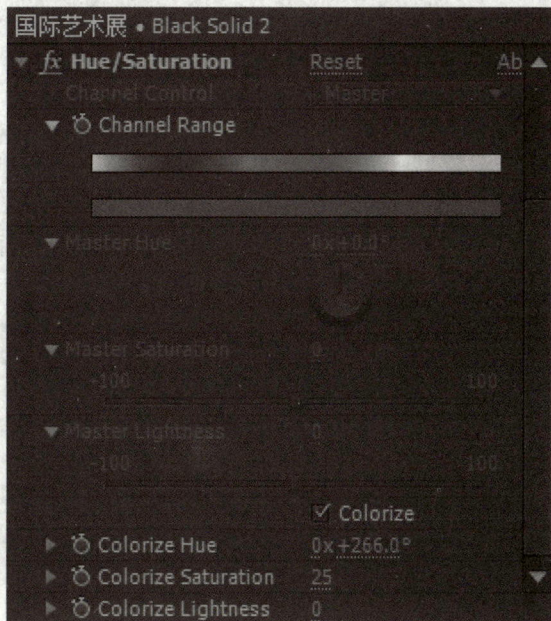

图8-41

STEP**42** 对镜头光晕制作运动效果，将关键帧放置于0秒处，单击镜头光晕1和镜头光晕2的光晕中心的秒表。移动指针到5秒位置，利用鼠标拖曳上方的镜头光晕1的中心点至Form顶部位置，将下方的镜头光晕2拖曳至Form的底部位置。按空格键预览效果，如图8-42所示。

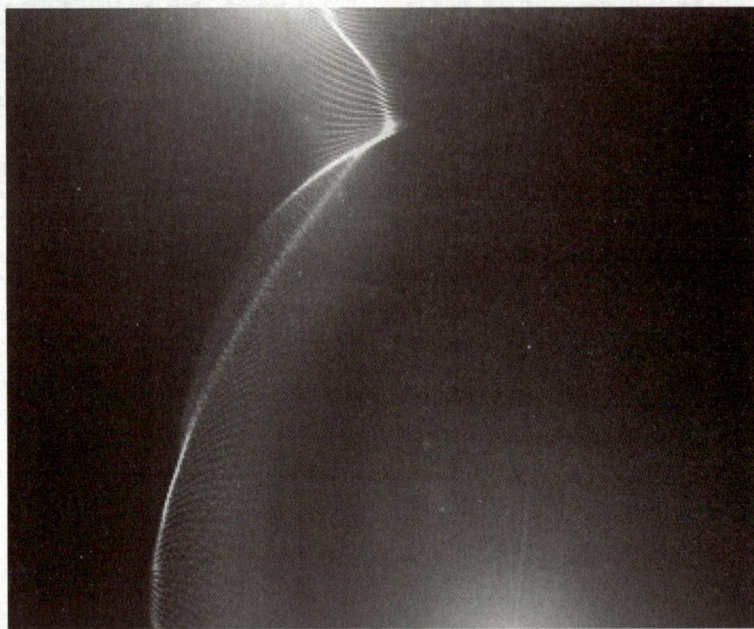

图8-42

STEP 43 导入素材，对LOGO素材进行基本动画运动设置，将指针移至7分17秒处，单击LOGO素材"Position"和"Scale"参数秒表，将指针移动至9分01秒，调整素材"Position"和"Scale"参数值，如图8-43所示。

图8-43

AE 知识点拓展

知识点1　Form插件

　　Trapcode form是一款AE插件，是基于网格的3D粒子旋转系统。它被用于创建流体、器官模型及复杂的几何图形等。将其他层作为贴图，使用不同参数，可以进行无止境的独特设计。

　　Form插件的功能非常强大，通过对Form插件的各项产生进行设置，能够做出逼真的烟雾、火焰、流体、气泡、光效粒子等大量的酷炫画面。下面对Form进行基本介绍。

- "重置"：对Form进行操作后，用重置命令可以快速回到初始状态。注意重置不会对已设置的关键帧进行变动。
- "选项"：Shadowlet为粒子体积提供一个柔软的投影效果。
- "动画预设"：Form中有近百种效果预设，合理使用这些预设值能够有效的提高制作效率。

　　通常情况下，Form的默认初始状态是将呈现一个正方形粒子网格状图案，"Base Form"参数是对粒子进行形状的控制，"Particle"参数控制粒子的颜色和粒子量以及其不透明度等基本信息，如图8-44所示。

- Audio React（音频反应）：在本模块实训中，该参数是制作的关键，展开该参数，出现其扩展参数项，如图8-45所示。
- Audio Layer：通过该控件可将Form的粒子层同选定的音频素材层相绑定。

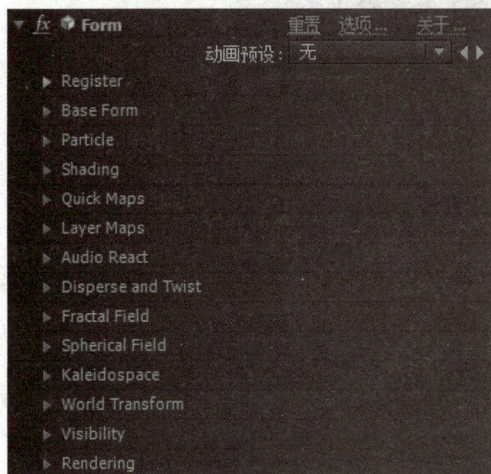
图8-44

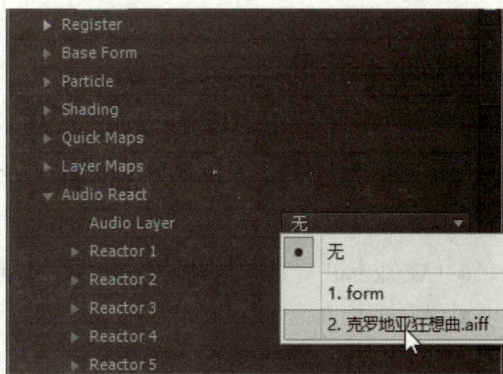
图8-45

　　打开5个控件项目"Reactor 1""Reactor 2""Reactor 3""Reactor 4""Reactor 5"，分别对5个控件添加不同的命令，使得Form粒子在同步音频节奏的同时显现5个控件所显现的效果。在Form插件中还蕴藏着许多功能强大的效果，不仅仅局限于音频，还有图片二维以及三维效果的扩展。

知识点2　Lens Flare效果

　　Lens flare（镜头光晕）效果通过模拟太阳光照射显现出来的光晕效果，在AE软件的特效控制面板中可以看到该特效的控制参数项。

- Flare Center：通过更改该参数值来确定光晕的中心点位置。
- Flare Brightness：调节光晕的光照大小。
- Lens Type：该参数中有三种光晕模式可供选择，分别是"50-300mm Zoom""105mm Prime""35mm Prime"，不同类型的光晕模式有不同的表现效果。
- Blend with Original：该参数能够调节光晕的大小和明暗程度。当数值为0时，画面中的光晕完全显现，当数值为100时，光晕消失不产生效果，如图8-46所示。

图8-46

知识点3　Mask参数

　　Mask参数可对画面添加遮罩，从而对画面的局部进行遮罩，在影视后期调整中频繁应用。

- Mask Path（遮罩路径）：对遮罩设置运动路径。
- Mask Feather（遮罩羽化）：改变遮罩周围的羽化效果大小。
- Mask Opacity（遮罩透明度）：调整遮罩的不透明度大小。
- Mask Expanison（遮罩扩展）：扩展遮罩范围，如图8-47所示。

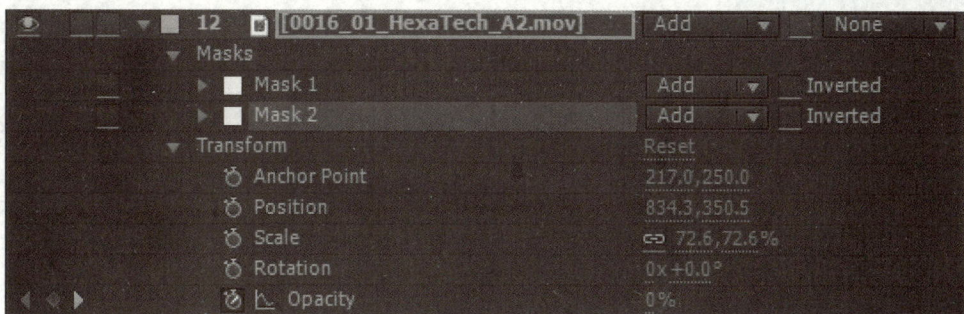

图8-47

上面的各项产生是Mask的基本选项，值得注意的是，Mask能够在一个图层素材上建立多个Mask层，这时问题就随之而来。遮罩的实现原理是通过对图层进行遮盖的作用，当多个遮罩添加到同一个图层时，画面中的遮罩默认模式是以"Add"（叠加）的形式出现的，单击"Add"模式，在下拉菜单中可选择Mask的混合模式，如图8-48所示。

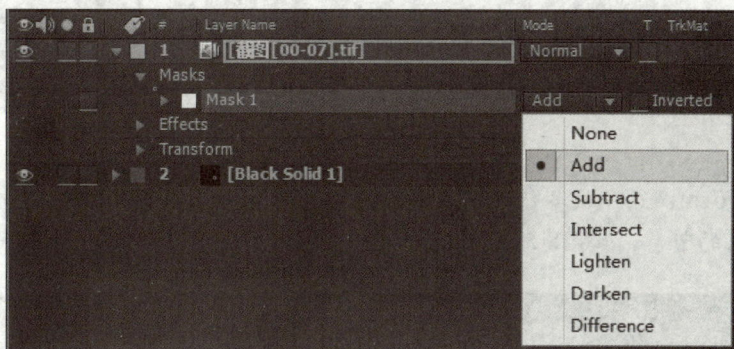

图8-48

- Add：叠加模式。
- Subtract：减去模式。
- Intersect：交叉模式。
- Lighten：减轻模式。
- Darken：变暗模式。
- Difference：差异模式。

知识点4 音频设置

音乐在一段效果中扮演着特殊的重要位置，好的音乐配合能够使画面中的气氛渲染得更为饱满，所以音频编辑显得尤为重要。音频导入的方法与图片导入的方法相同，但有一点必须注意，在After Effects中，不是任何格式的音频文件都能够支持运行。一般情况下，AE支持aiff格式的音频文件，如图8-49所示。

- Audio Levels：该参数用于对音乐量大小的关键帧控制，最基本的操作是设置音频的淡入淡出，如图8-50所示。

图 8-49

图 8-50

● Waveform：点开该参数的扩展图标，即可显示音乐节奏的波形，方便更好地观察音乐的节奏，如图 8-51 所示。

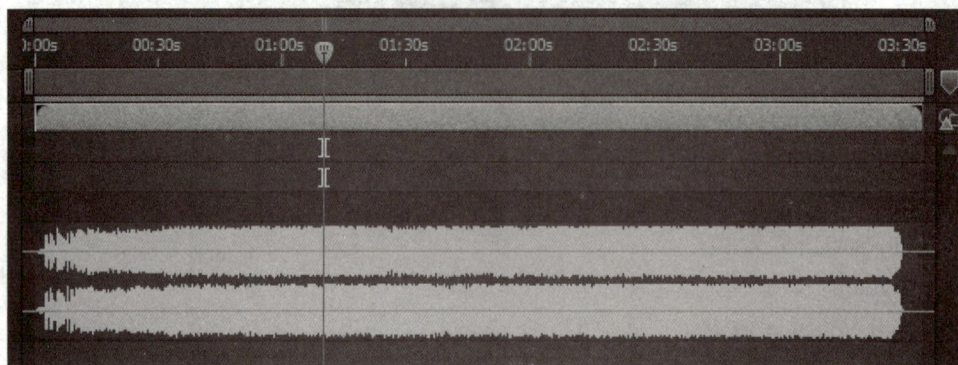

图 8-51

提 示

也可以在 After Effects 中调整音频的参数，但只限于剪辑和调整声音大小。将 Audio Levels 参数调整为负值时可以将声音截断。

AE 独立实践实训

实训2　音乐流体效果制作

💻 实训背景

Form是一款功能非常强大的粒子插件，熟练掌握Form能够在极大地扩展特效的制作深度和广度。

💻 实训要求

运用Form插件制作粒子类型的片头，要求将Form效果同音乐（自定义）相结合，画面稳定，有层次感。

播出平台：多媒体

制式：PAL制

💻 本实训掌握要点

技术要点：导入素材；设置背景层；修改Comp参数；合并为"Comp"；添加插件特效

问题解决：熟悉关键帧动画设置，了解音乐运动节奏，学会使用插件特效功能

应用领域：影视后期

素材来源：无

作品展示：无

💻 实训分析

主要操作步骤

AE 职业技能考核

一、单选题

1. 在Form插件中，哪一个参数命令不属于其参数组？（　　）

   A. Layer Maps

   B. Shading

   C. Fractal Field

   D. Remove All

2. 在时间线面板中存在大量的素材层时，为了区分，可以对素材的颜色进行更改，下列（　　）不属于素材的可选颜色。

   A. Dark green

   B. Blue

   C. Orange

   D. Brown

二、多选题

1. 当遇到文件项目过大的合成时，需要降低画面质量来提高预览速度，调整画面质量的选择有（　　）。

   A. Full

   B. Half

   C. Third

   D. Quarter

2. 属于"Generate"滤镜组中的滤镜是（　　）。

   A. Keying

   B. Color Correction

   C. Fill

   D. Lens Flare

3. 下列关于Form插件说法正确的是（　　）。

   A. Trapcode Form是一款AE插件，是基于网格的3D粒子旋转系统

   B. 它被用于创建流体、器官模型、复杂的几何图形等

   C. 能够制作出任何的粒子效果

   D. 将其他层作为贴图，使用不同参数，可以进行无止境的独特设计

三、填空题

1. 新建立合成后，更改合成的命名的快捷键_____。

2. 在After Effects中，要快速查找特效命令应该在窗口中执行"_____"命令。

3. 在实际操作时，需要对合成进行修改时，可按_____组合键。

学习心得

光环旋转效果

实训参考效果图：

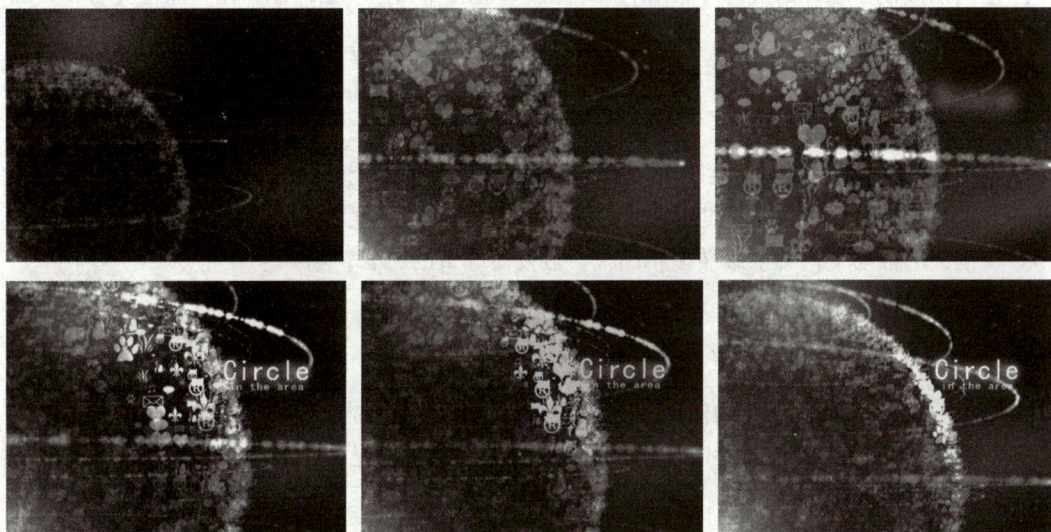

能力掌握：

1. 了解并掌握Form粒子插件的基本使用
2. 了解并掌握AE三维摄像机、灯光、材质的基本使用

知识目标：

1. 熟悉Form粒子插件的各项模块和基本操作
2. 学会使用Form粒子插件进行创作

重点掌握：

1. 熟悉并掌握Form粒子插件的各个基本模块
2. 学会调节Form粒子插件的Base Form模块和Particular模块中的参数，以改变Form的基本形状
3. 学会利用关键帧来给Form制作关键帧动画
4. 学会利用灯光来调节Form的效果

AE 模拟制作实训

实训1　利用Form粒子做出绚丽的片头

💻 实训背景

这个宣传片的片头将用Form粒子作为贯穿整个片头的标志图形。光线采用紫色和黄色，使整个片头有一种华丽的效果。搭配一些光圈的运动，给人以绚丽的感觉。

💻 实训要求

通过后期制作软件的处理手段和技术方法，利用Form粒子插件制作出一条能充分体现特效效果以及该传媒特色的片头。

💻 实训分析

本实训使用粒子制作一个绚丽的片头，设计思路是在一个五彩斑斓的背景下，绚丽的粒子球在镜头的推动下，由远及近。在绚丽粒子球的周围，环绕着多层粒子光圈，丰富了其细节，在镜头的推动中，文字缓缓显示出来，散发着夺目的光彩，增强了表现力。

💻 本实训掌握要点

技术要点：AE粒子插件的使用，通过综合运用AE各项功能制作一个完整的片头效果
问题解决：利用AE的插件制作自己需要的效果，增加自己创作的手段
应用领域：影视包装
素材来源：资料\素材文件\模块09\实训1\工程文件
操作视频：资料\操作视频\模块09

💻 实训详解

STEP 01 运行软件After Effects CS6，执行"Composition" → "New Composition"命令，弹出"Composition Settings"对话框，将合成名称更改为"光环转动"，持续时间为7s，如图9-1所示。

STEP 02 执行"File" → "Import"命令，弹出"Import File"对话框。利用鼠标拖曳出矩形选框，将所需的多个素材选中，单击"打开"按钮，导入到"Project"面板中，如图9-2和图9-3所示。

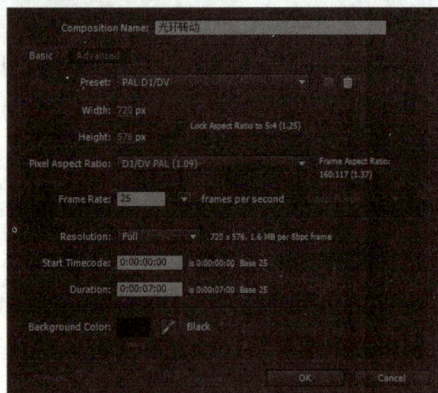

图9-1

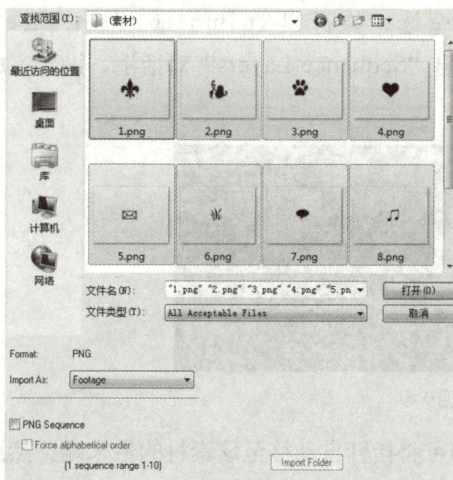

图9-2

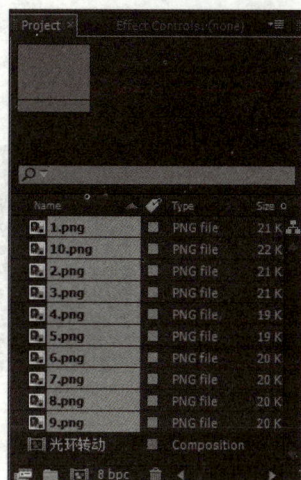

图9-3

STEP 03 在 "Project" 面板中选中第一个素材，按住Shift键，再选中最后一个素材，即可对所有素材进行全选，利用鼠标拖曳至时间线面板，如图9-4所示。

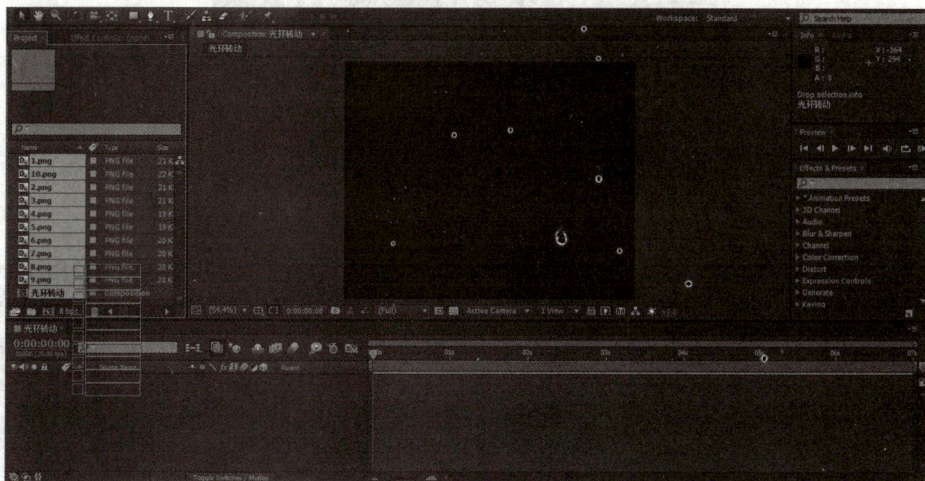

图9-4

STEP 04 为了更好地观察素材在面板中的显示情况，在合成面板的下方单击 "Toggle Transparency Grid" 图标，如图9-5所示。

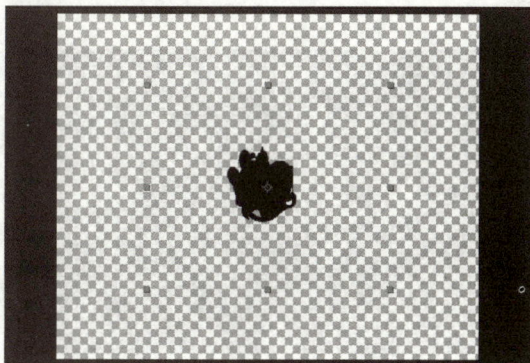

图9-5

STEP 05 在时间线面板中对所有素材进行全选，执行"Animation"→"Keyframe Assistant"→"Sequence Layers"命令，弹出"Sequence Layers"对话框，设置完成后单击"OK"按钮，如图9-6所示。

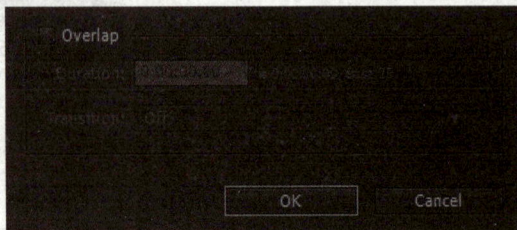

图9-6

STEP 06 选中最末端的素材，按快捷键O，即可将指针自动移至该素材的最末端，然后按快捷键N，即可将工作区域结尾端移动至时间线位置。在对素材进行编辑的过程中，只是通过手动调节是无法精确到点的，熟练掌握快捷键的使用能够使工作更加方便快捷。在工作区域中单击鼠标右键，在下拉列表中执行"Trim Comp to Work Area"命令，如图9-7和图9-8所示。

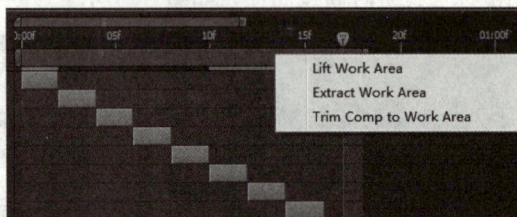

图9-7

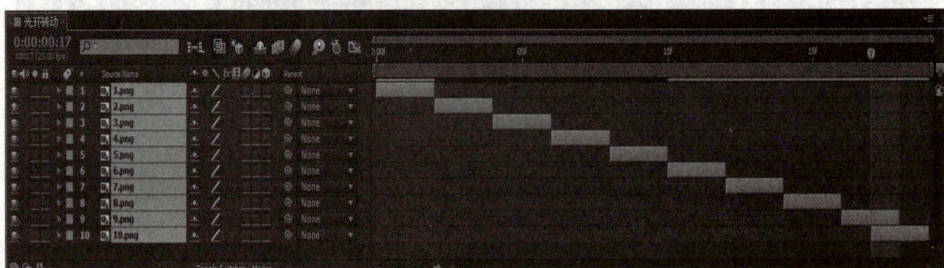

图9-8

STEP 07 选中所有素材层，执行"Layer"→"Pre-Compose"命令（快捷键为Ctrl+Shift+C），如图9-9所示。

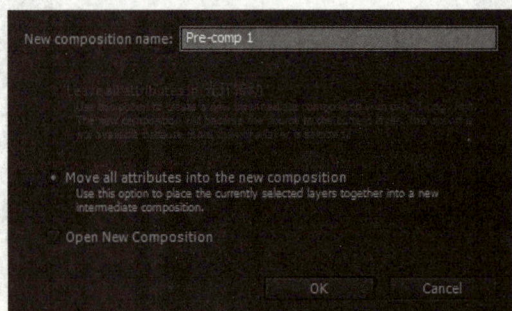

图9-9

STEP 08 执行 "Composition" → "Composition Settings" 命令，弹出 "Composition Settings" 对话框，将持续时间更改为7s，单击 "OK" 按钮，如图9-10所示。

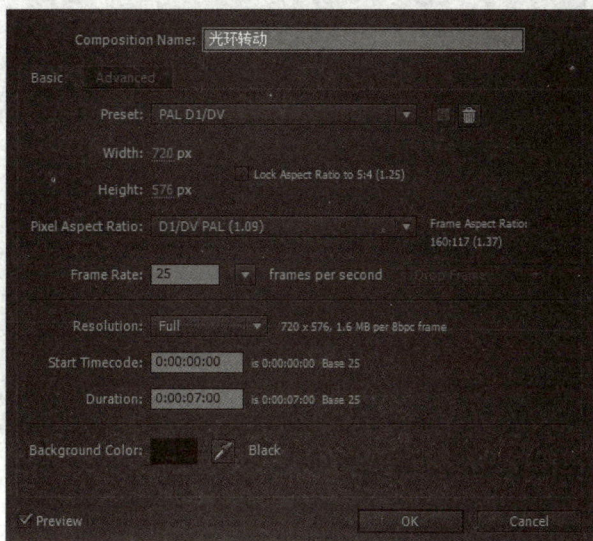

图9-10

STEP 09 将序列图像合成层的眼睛图标 取消，使该层不可见。对素材进行整理后，下面使用Form特效插件制作光圈旋转效果：执行 "Layer" → "New" → "Solid" 命令，弹出 "Solid Settings" 对话框，将名称更改为 "form光球"，单击 "OK" 按钮，如图9-11所示。

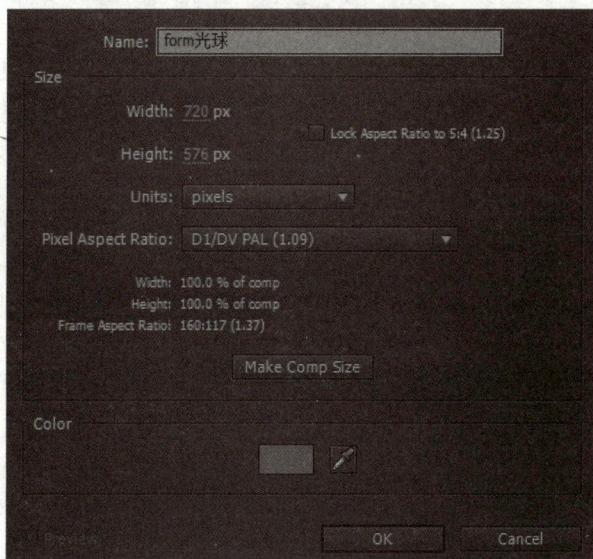

图9-11

STEP 10 在合成窗口中观察效果，如图9-12所示。

STEP 11 执行 "Window" → "Effect Controls" 命令，在打开的 "Effect Controls" 面板中对Form进行参数设置：单击 "Base Form" 参数旁的小三角图标，将其隐藏的子参数展开，在 "Base Form" 参数项对应的 "Box Grid" 下拉列表中选择 "Sphere-Layered" 选项，如图9-13所示。

01

02

03

04

05

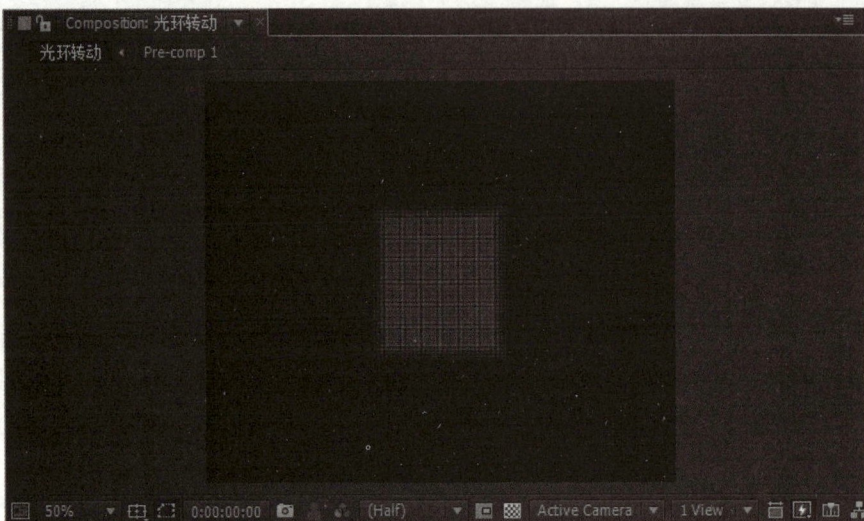

图9-12

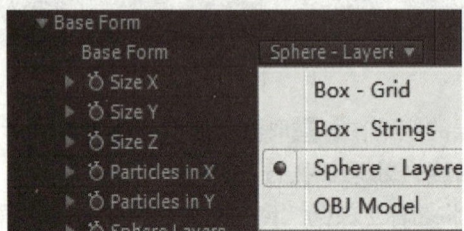

图9-13

STEP 12 为得到所需要的 "form光球" 的形状，需进行参数调整：设置Size X为200、Size Y为200、Size Z为200、Particles in X为70、Particles in Y为70、Spheres Layers为1、Center XY为 "276.0, 338.0"、Center Z为-770，如图9-14所示。

06

07

08

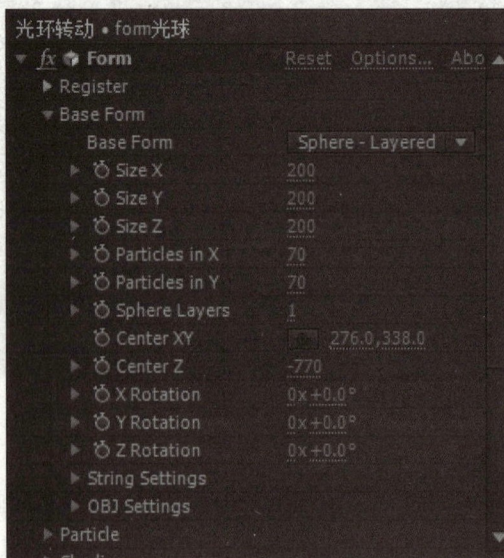

图9-14

STEP 13 在合成窗口中观察效果，如图9-15所示。

09

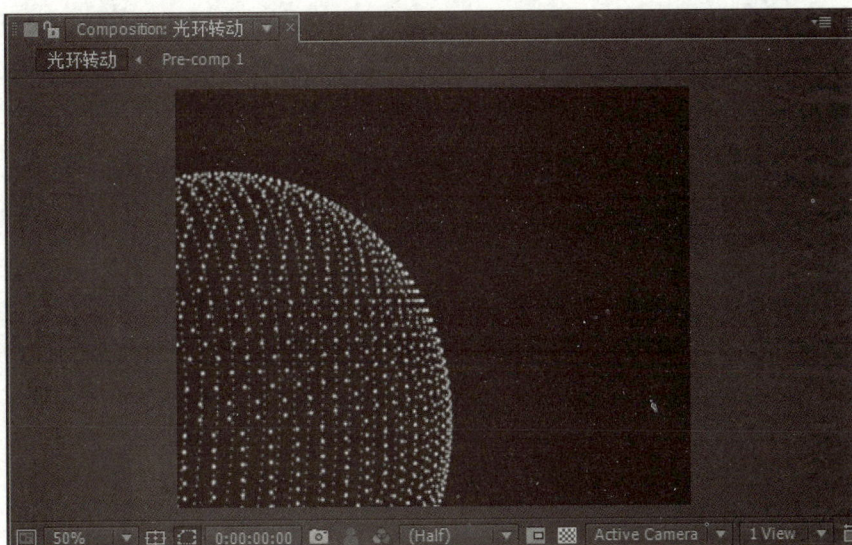

图9-15

STEP 14 隐藏Base Form的子参数项，展开"Particle"参数的子参数选项，在"Particle Type"
对应的下拉列表中选择"Sprite Fill"选项，如图9-16所示。

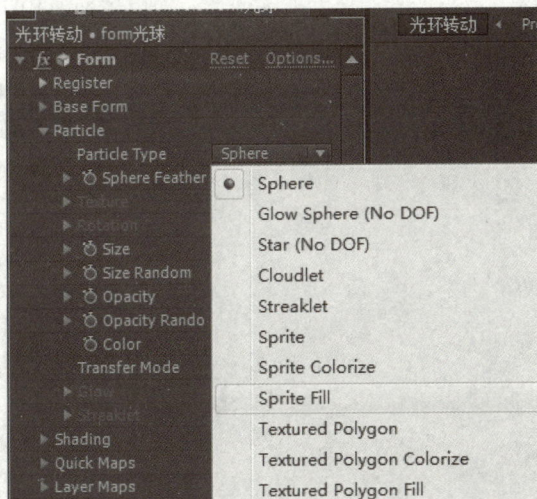

图9-16

STEP 15 在"Particle"的子参数中找到"Texture"参数项并展开，在"Layer"的下拉列表中
选择所需图层，如图9-17所示。

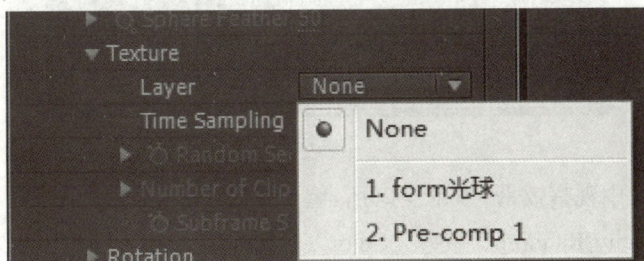

图9-17

STEP 16 在"Time Sampling"参数的下拉列表中选择"Random - Still Frame"选项。通过上一步选择序列图像层和这一步选择"Random - Still Frame"模式，将之前制作的"form光球"的组成元素由粒子点被序列图像中的各种元素所代替，如图9-18所示。

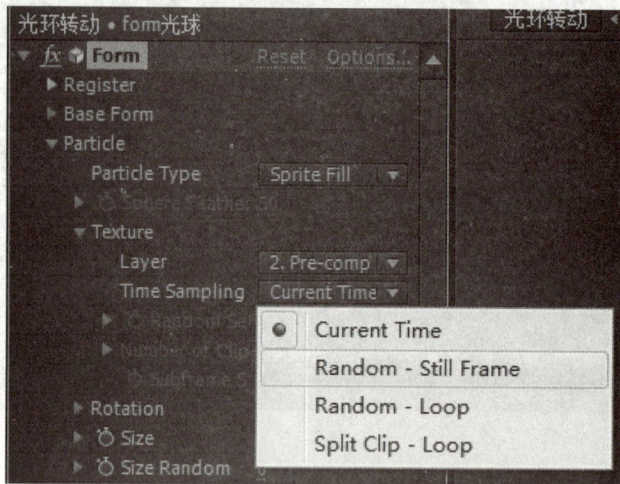

图9-18

STEP 17 因为"form光球"是由序列图像的元素组成，所以要对"form光球"的"Texture"参数再次编辑调整：设置Size为34、Size Random为100，如图9-19所示。

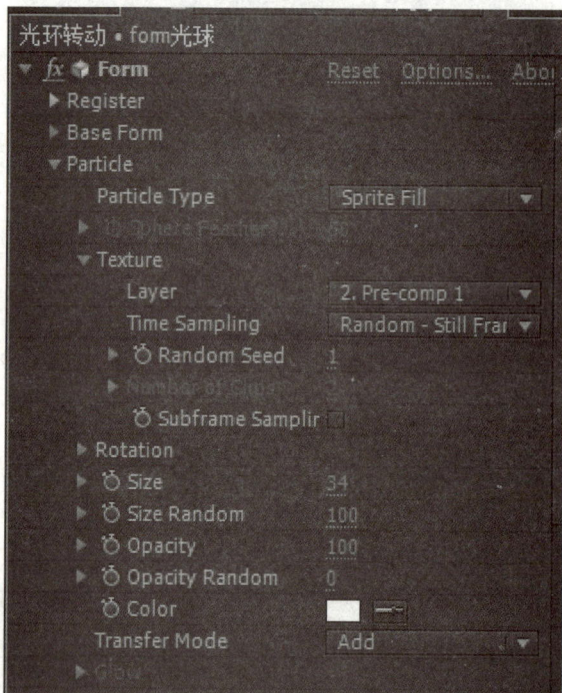

图9-19

STEP 18 在合成窗口中观察效果，如图9-20所示。

STEP 19 单击"Opacity Random"下方"Color"参数的白色色块，弹出"Color"对话框，输入色值（#FF7805），单击"OK"按钮，如图9-21所示。

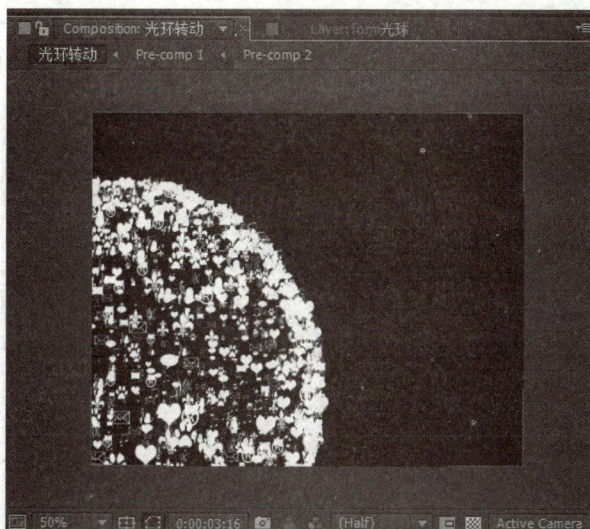

图9-20

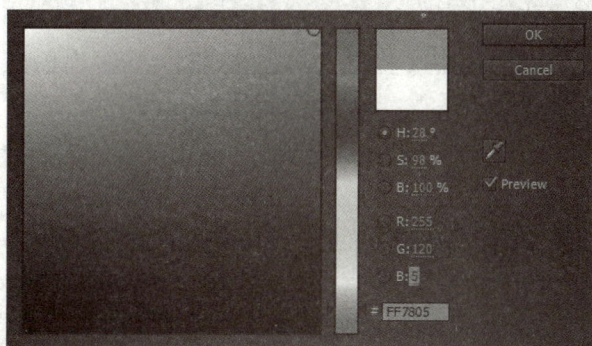

图9-21

STEP 20 在合成窗口中观察效果，如图9-22所示。

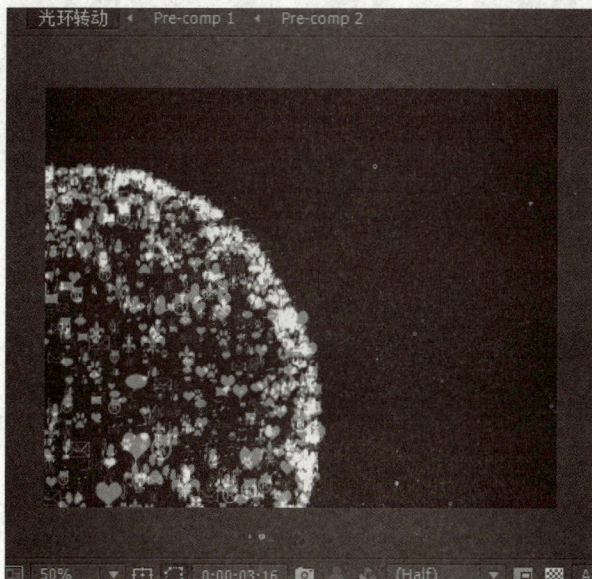

图9-22

STEP 21 下面为"form光球"制作光圈效果，执行"Layer"→"New"→"Solid"命令，弹出"Solid Settings"对话框，将名称更改为"外光圈"，单击"OK"按钮，如图9-23所示。

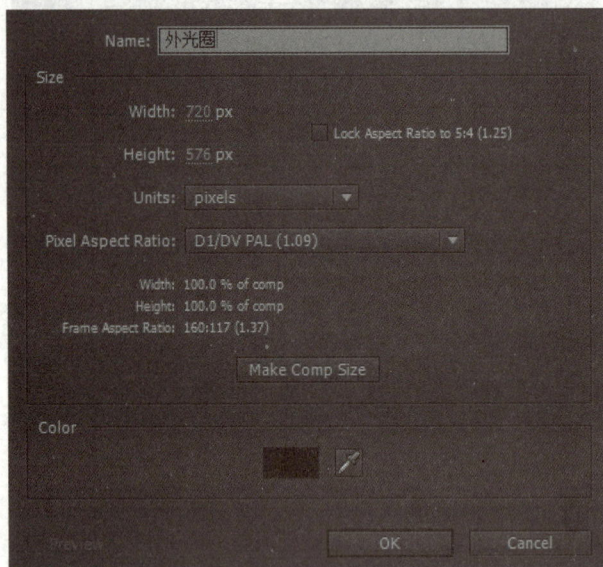

图9-23

STEP 22 为了便于对"form光球"位置进行观察，可以选择多个视角对物体进行观察。在合成面板下方单击视图布局按钮，在弹出的下拉列表中选择"4Views - Left"选项后，在合成面板的左侧将出现另外三个视图，每个视图的角度都是不一样的，如图9-24所示。

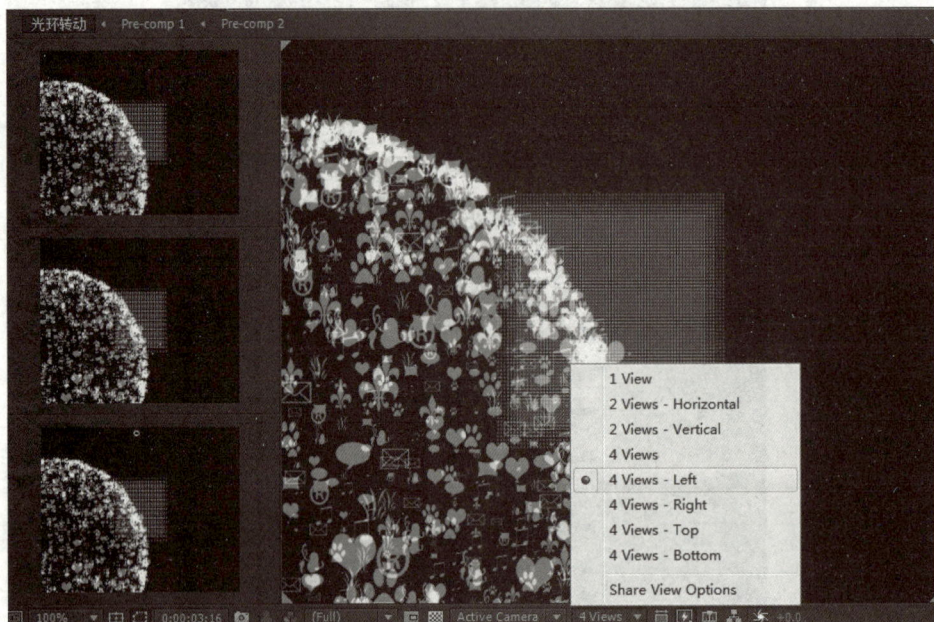

图9-24

STEP 23 选中"外光圈"层，在"Effect Controls"面板中对其Form效果进行参数修改。首先展开"Base Form"下的"Sphere - Layered"参数的下拉菜单，选择Form类型，如图9-25所示。

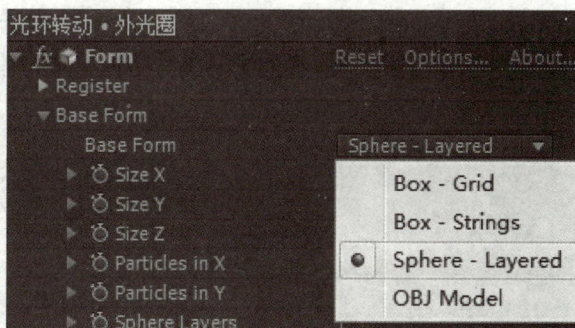

图9-25

STEP 24 在"Base Form"下方更改下列参数，使之光圈的形状和位置正好环绕着"form光球"：Size X为300、Size Y为240、Size Z为300、Particles in X为764、Particles in Y为8、Sphere Layers为1、Center XY为"276.0, 355.0"、Center Z为-770，如图9-26所示。

STEP 25 展开"Particle"参数项，更改参数Size为2、Size Random为100，在"Color"参数项中更改颜色为"#A347E9"，如图9-27和图9-28所示。

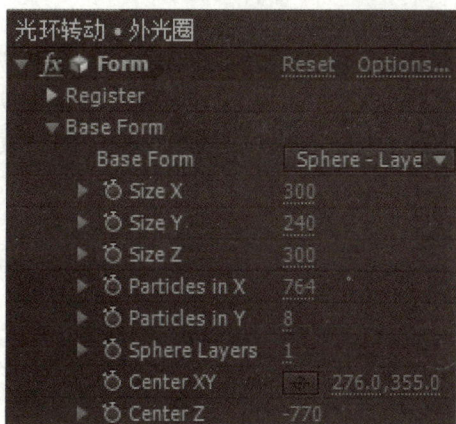

图9-26

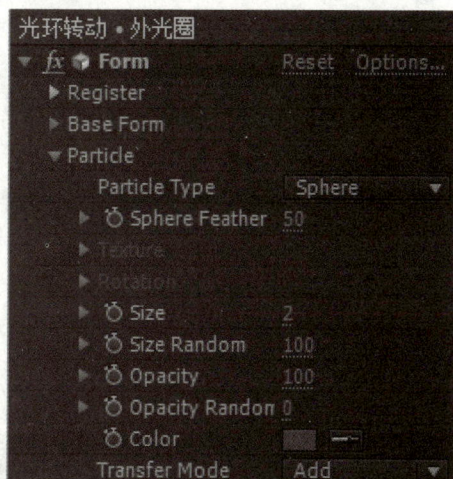

图9-27

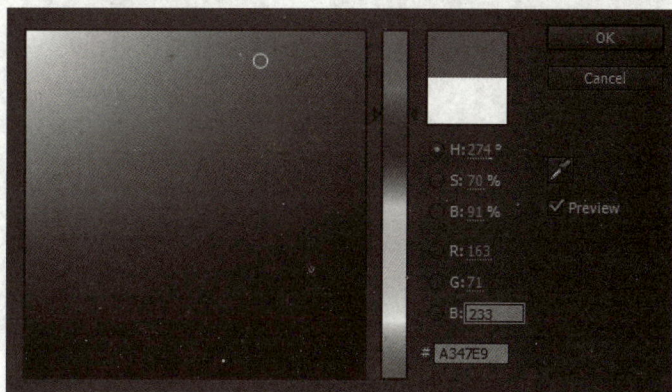

图9-28

STEP 26 在合成窗口中观察效果，如图9-29所示。

图9-29

STEP 27 为了让画面层次感更加丰富，下面通过制作内光圈对"form光球"进行环绕。执行"Layer"→"New"→"Solid"命令，打开纯色设置对话框，将名称更改为"内光圈1"，单击"OK"按钮，如图9-30所示。

STEP 28 内光圈的制作原理同外光圈的操作基本一致。首先，展开"Base Form"对应的"Sphere - Layered"，选择Form类型。然后在"Base Form"下方更改下列参数，使之光圈的形状和位置正好环绕着"form光球"，设置参数Size X为230、Size Y为10、Size Z为230、Particles in X为617、Particles in Y为2、Sphere Layers为1、Center XY为"287.0, 337.0"、Center Z为-770、X Rotation为2，如图9-31所示。

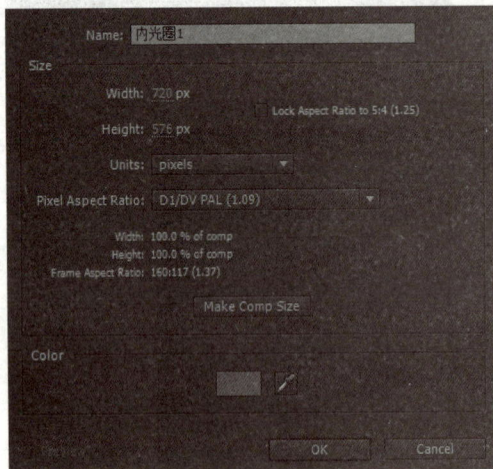

图9-30

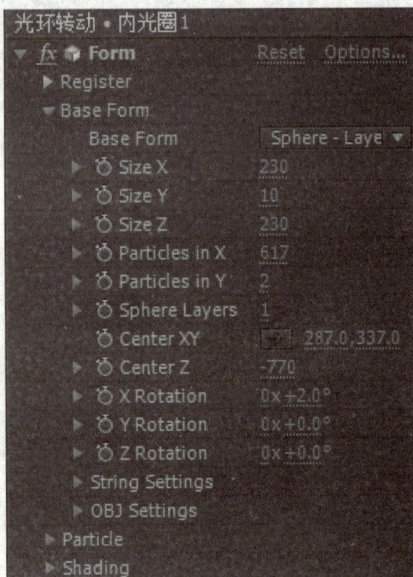

图9-31

STEP 29 展开"Particle"参数项，更改参数Size为1、Size Random为100；在"Color"参数项中更改颜色为"#DF3883"，如图9-32和图9-33所示。

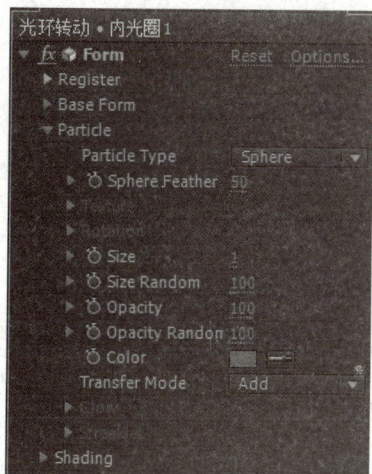
图9-32

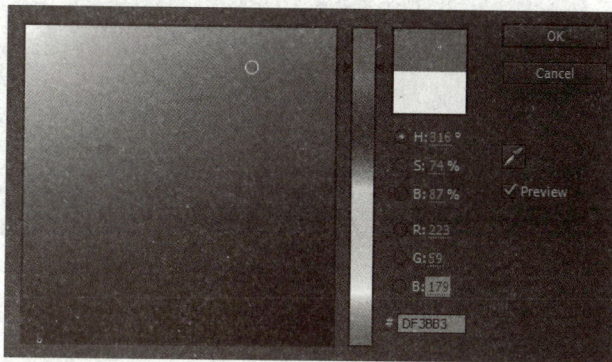
图9-33

STEP 30 选中"内光圈1",执行"Edit"→"Duplicate"命令,得到"内光圈2",对其位置进行调整:Center XY为"279.0, 286.0",如图9-34所示。

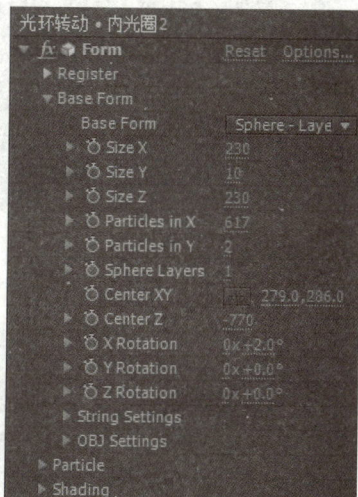
图9-34

STEP 31 下面给已经制作好的"form光球"及其内光圈、外光圈添加运动动画。将指针移至0s位置时,在时间线面板中找到form球层的"Base Form"下的子参数Y Rotation,单击该参数秒表,把指针移至6s位置,将数值调整为-138,如图9-35所示。

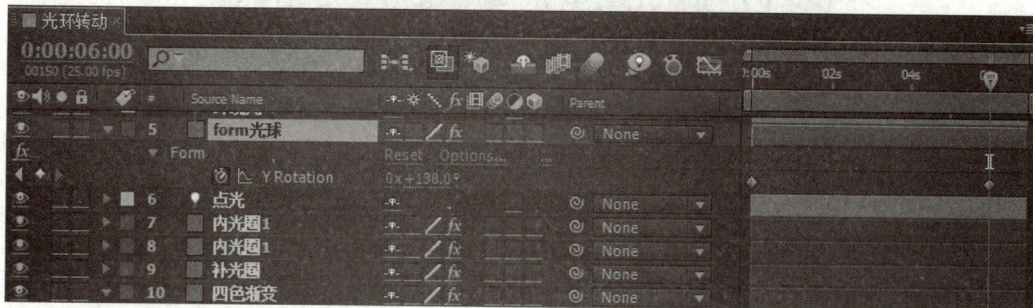
图9-35

STEP 32 外光圈的运动同"form光球"的运动相同，将Form球层的关键帧框选复制，选中外光圈层，按Ctrl+V组合键，将复制好的关键帧进行粘贴，如图9-36所示。

图9-36

STEP 33 给两个内光圈层添加运动，使内光圈层的运动方向同外光圈层的运动方向正好相反，这样能够使画面的运动效果更为丰富。将指针移至0s位置时，在时间线面板中找到内光圈层的"Base Form"下的子参数"Y Rotation"，单击该参数秒表，把指针移至6s位置，将数值调整为138，如图9-37所示。

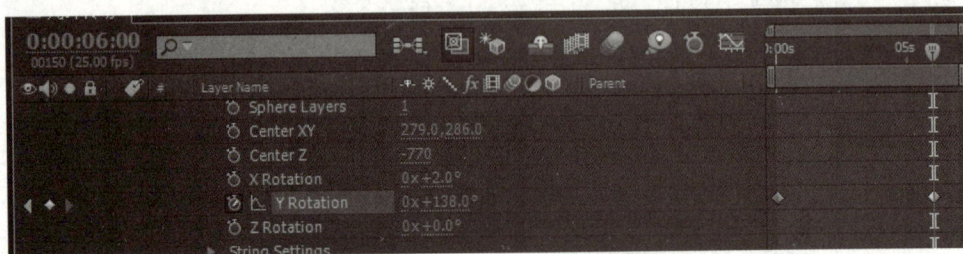

图9-37

STEP 34 在合成窗口中按空格键预览运动效果，如图9-38所示。

图9-38

STEP 35 建立灯光层，使得画面有明暗对比和纵深感。执行"Layer"→"New"→"Light"命令，打开"Light Settings"对话框。在"Light Type"下拉列表框中选择"Point"选项，并将"Intensity"参数更改为4，单击"OK"按钮，如图9-39所示。

STEP 36 现在虽然已经建立好了灯光层，但是此时合成面板中的"form光球"层和其他光圈层并没有受到灯光照射的影响显现明暗变化。所以必须将每个层的接受灯光影响的开关打开，选择"form光球"层，在效果控件面板中找到"Shading"参数项，展开该项，将其子参数项"Shading"对应的"Off"更改为"On",如图9-40所示,这样就可以在合成面板中观察到"form光球"层的变化了。

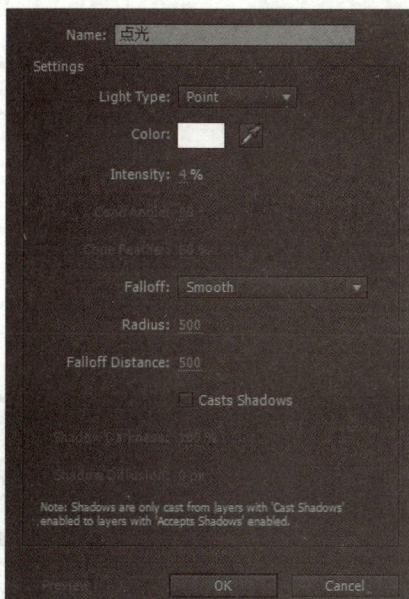

图9-39

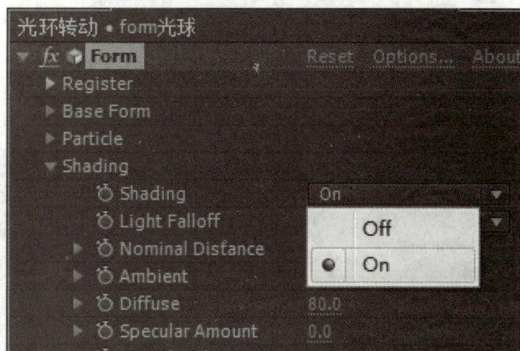

图9-40

STEP 37 使用相同方法对内光圈层和外光圈层进行同样操作。

STEP 38 为了保持画面的统一性,现在对灯光调整位置:在时间线面板中,将点光层的"Position"参数更改为"370.0, 305.0, -818.0",如图9-41所示。

图9-41

STEP 39 在合成窗口中按空格键预览运动效果,如图9-42所示。

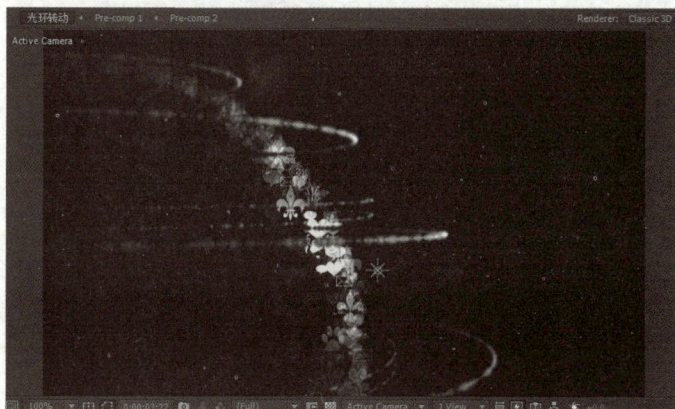

图9-42

STEP 40 添加新的灯光类型，执行 "Layer" → "New" → "Light" 命令，打开 "Light Settings" 对话框，在 "Light Type" 下拉列表框中选择 "Ambient" 选项，将 "Intensity" 参数更改为68，单击 "OK" 按钮，如图9-43所示。

STEP 41 下面开始制作背景效果，让画面的色彩更为丰富，视觉感更强烈。执行 "Layer" → "New" → "Solid" 命令，打开 "Solid Settings" 对话框，将 "Name" 更改为 "四色渐变"，单击 "OK" 按钮，如图9-44所示。

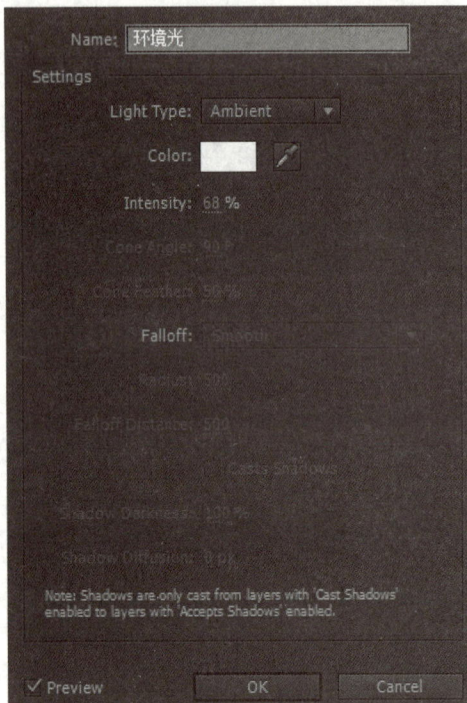

图9-43

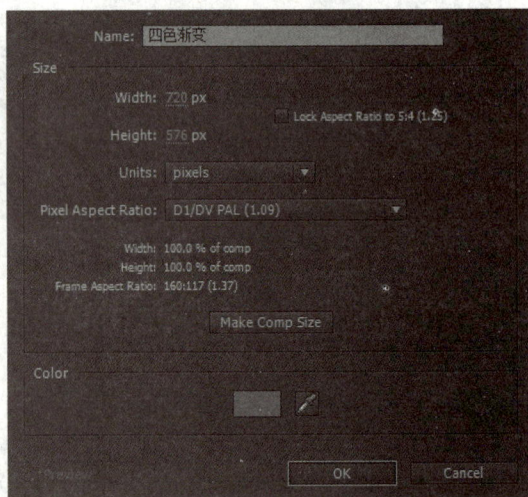

图9-44

STEP 42 选中四色渐变层，执行 "Effect" → "Generate" → "4-Color Gradient" 命令，在 "Effect Controls" 面板中更改颜色以及颜色的中心点位置，如图9-45所示。

提 示

也可根据自己的喜好颜色进行任意搭配。

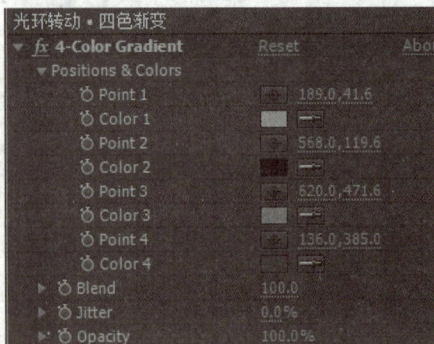

图9-45

STEP 43 在"Effect Controls"面板中单击四色渐变中的"Color 1"的色块，输入色值"#FF9600"；将"Color 2"修改为黑色；将"Color 3"修改为紫红色，并将其中心点放置在画面的右下角处；将"Color 4"修改为蓝色，如图9-46和图9-47所示。

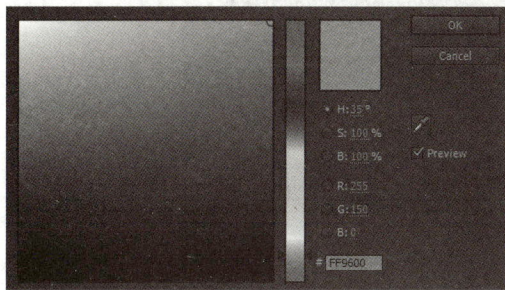

图9-46

图9-47

STEP 44 将四色渐变层拖曳至时间线面板底层，将"form光球"的层模式更改为"Add"，然后对内外光圈层均进行该操作，如图9-48所示。

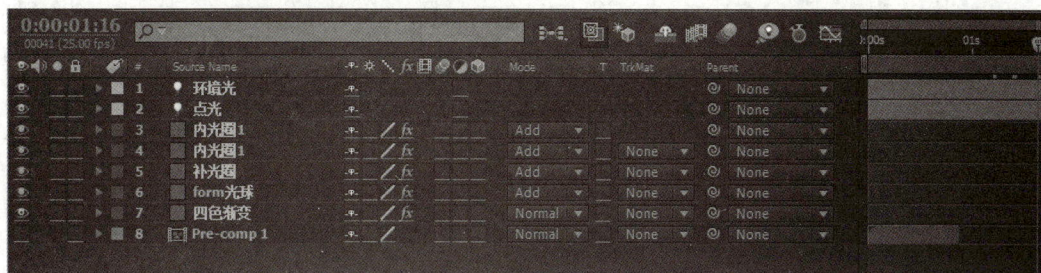

图9-48

STEP 45 在合成窗口中按空格键预览运动效果，如图9-49所示。

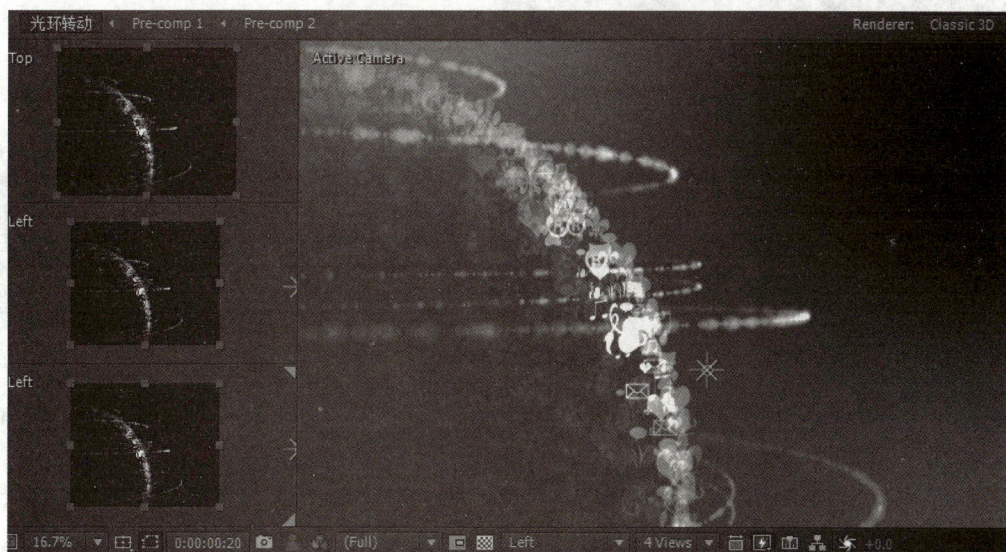

图9-49

STEP 46 为了使四色渐变的效果位置达到理想效果，首先在工具栏中选择钢笔工具，为四色渐变绘制遮罩，然后对遮罩进行部分羽化效果，如图9-50所示。

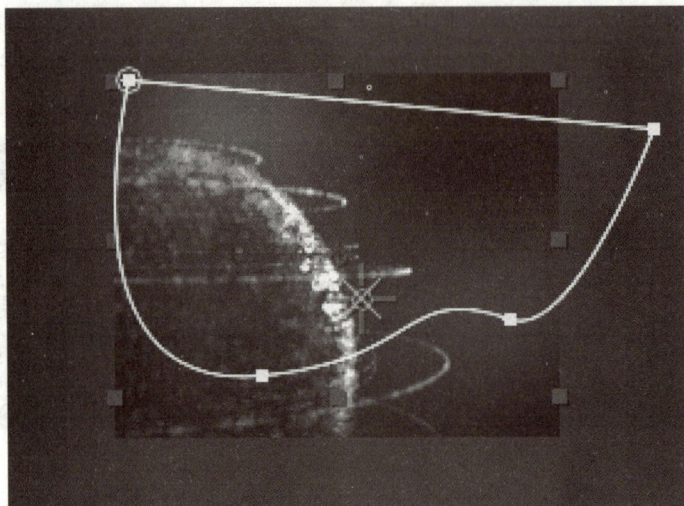

图9-50

STEP 47 执行 "Layer" → "New" → "Solid" 命令，打开 "Solid Settings" 对话框，将名称更改为 "镜头光晕"，单击 "OK" 按钮。为画面添加 "Lens Flare" 效果，也是为了让画面的色相对比、明度对比更为强烈，如图9-51所示。

STEP 48 在效果控件面板中对 "Lens Flare" 的参数进行修改：Flare Center为 "-42,612.0"、Flare Brightness为148、Lens Type为 "35mm Prime"，如图9-52所示。

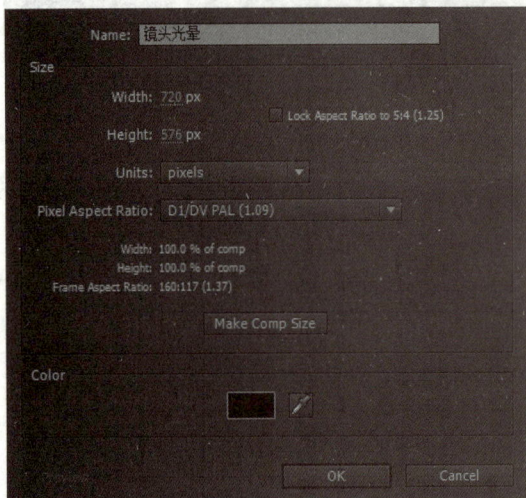

图9-51

图9-52

STEP 49 为了将镜头光晕的光晕颜色调整为所需要颜色，首先对 "镜头光晕" 层执行 "Effect" → "Color Correction" → "Hue/Saturation" 命令，修改参数：勾选 "Colorize" 复选框，将 "Colorize Hue" 数值更改为205°，将 "Colorize Saturation" 更改为25，如图9-53所示。

STEP 50 在合成窗口中按空格键预览运动效果，此时的画面无论是颜色还是明度都已经足够丰富了。下面继续添加文字层，并为各个层效果添加运动效果，使效果变得更为完整，如图9-54所示。

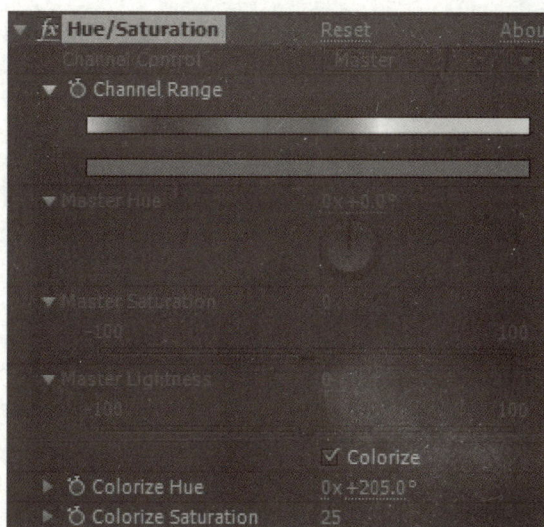

图9-53

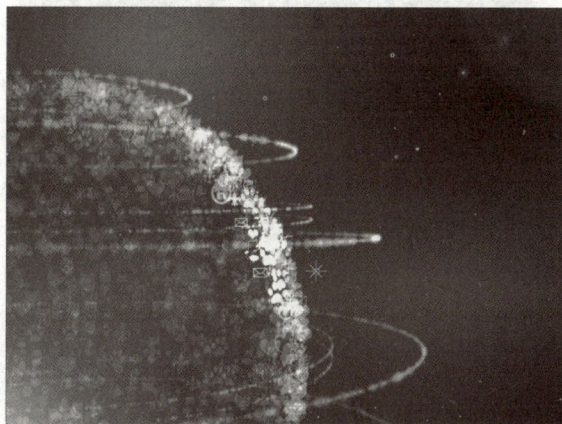

图9-54

STEP 51 在工具栏中选择文字工具，单击合成面板，进入文字编辑模式，输入文字"Circle in the area"，在字符面板中调整其位置。然后在时间线面板中选择文字层，对该层执行"Layer"→"Pre-compose"命令，打开预合成面板，将名称更改为"Text"，单击"OK"按钮。对文字层进行预合成，将更有利于后面对文字层添加效果，并且便于在不影响效果的前提下任意修改文字内容，如图9-55所示。

图9-55

STEP 52 选中"Text"合成层，执行"Effect"→"Stylize"→"Glow"命令，在"Effect Controls"面板中设置参数：Glow Threshold为60%、Glow Radius为27、Glow Intensity为3、将Color A更改为淡黄色，将Color B更改为柠檬黄，如图9-56所示。

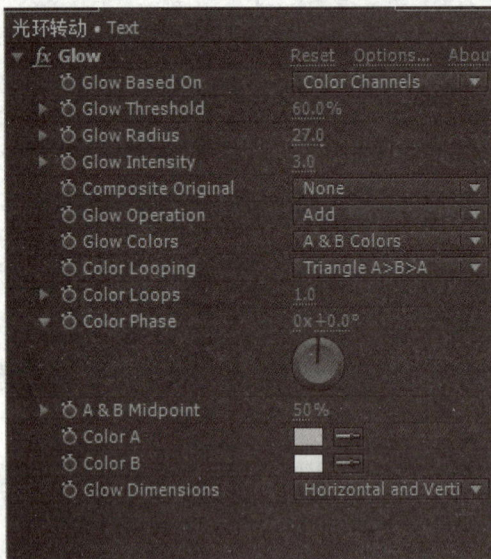

图9-56

STEP 53 继续对Text层添加效果，执行"Effect"→"Blur"→"Gaussian Blur"命令，将时间线面板指针放至2s位置，单击"Gaussian Blur"下的子参数项"Gaussian Blur"的秒表，并将数值更改为120，移动指针至3s位置，设置"Gaussian Blur"为0，如图9-57所示。

图9-57

STEP 54 将Text层的Opacity进行调整，使"Gaussian Blur"效果不会显得过于生硬。选择Text层，对"Opacity"进行设置，将指针位置移至1s处，将"Opacity"设置为0；单击秒表，将指针位置移至3s处，将"Opacity"设置为100，如图9-58所示。

图9-58

STEP 55 在合成窗口中预览效果，如图9-59所示。

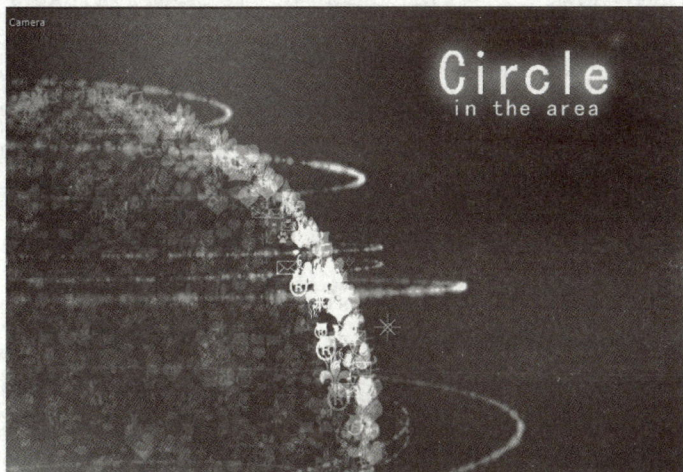

图9-59

STEP 56 下面对灯光进行位置上的更改，通过更改灯光位置使得画面整体效果有一个较大的明暗对比关系。将指针移至0秒位置，选择"点光"层，找到其"Position"参数，单击左边的秒表数值，更改为"372, 305, -1034"。将指针移至4秒处，将数值更改为"372, 305, -843.1"。将指针移至5s处，将数值更改为"372.0, 305.0, -818.0"，如图9-60所示。

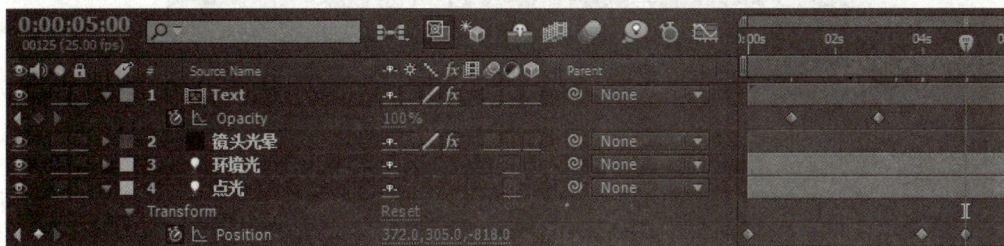

图9-60

STEP 57 对镜头光晕设置运动效果，将指针移至0s处，在时间线面板中展开"Lens Flare"参数项，并将"Flare Center"旁的秒表数值更改为"-216, 612.4"，将指针移至2s处，将数值更改为"-52, 612.4"；将指针移至6s处，将数值更改为"-29.0, 612.4"，如图9-61所示。

图9-61

STEP 58 选中四色渐变层，执行"Effect"→"Stylize"→"Glow"命令，在时间线面板中选择"Glow Threshold"参数，将指针移至2s处，将数值改为0；将指针移至3.14s处，将数值更改为40，如图9-62所示。

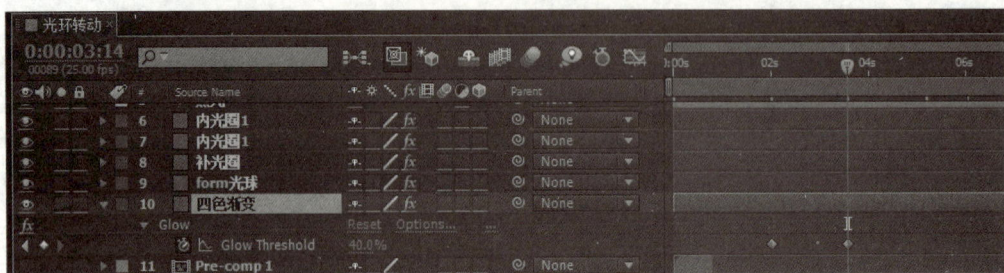

图9-62

STEP 59 建立摄像机。执行 "Layer" → "New" → "Camera" 命令，打开 "Camera Settings" 对话框，设置完成后单击 "OK" 按钮，如图9-63所示。

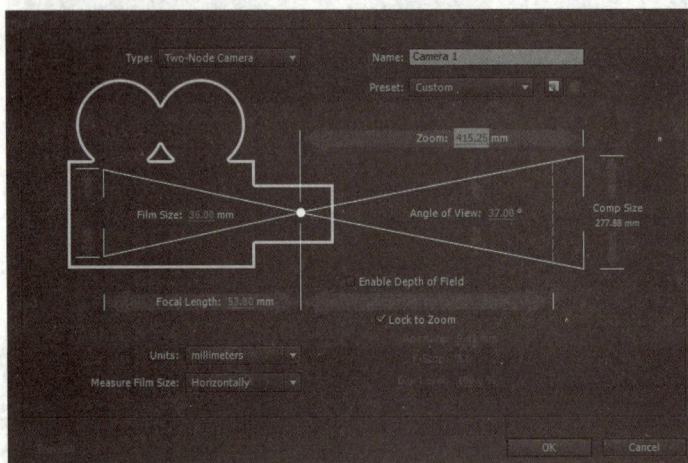

图9-63

STEP 60 在合成窗口中可以通过四个视图来了解摄像机同物体间的关系位置情况，如图9-64所示。

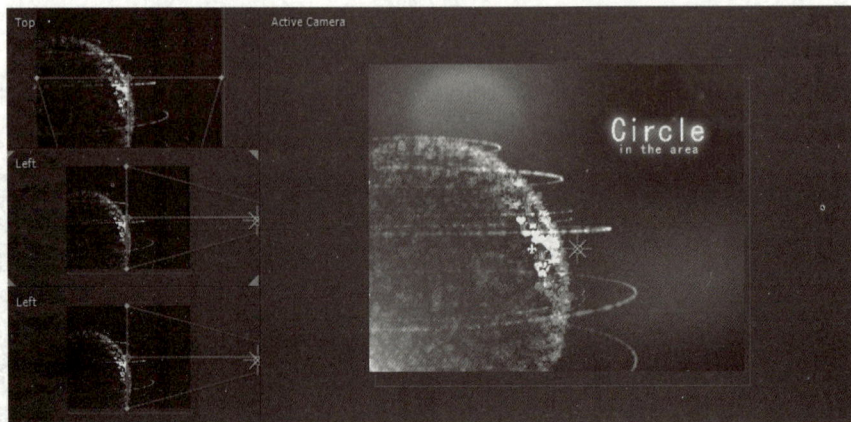

图9-64

STEP 61 回到时间线面板中，选中摄像机层，展开 "Camera Options" 找到 "Aperture" 参数项，并对其添加动画，将指针移至0s处，将数值修改为88；单击 "Aperture" 秒表，移动指针至2s，将数值更改为0，如图9-65所示。

图9-65

STEP 62 下面对摄像机设置运动路径：将指针移至0s位置，找到摄像机位置参数项，单击"Point of Interest"和"Position"秒表；将指针移至2秒处，更改"Position"数值"350.2, 337.7, -1016.9"；将指针移至5s处，更改"Point of Interest"属性为"336.9, 283.6, -698.8"，更改其"Position"属性为"318.0, 337.0, -1050.7"，如图9-66所示。

图9-66

STEP 63 在合成窗口中预览效果，如图9-67所示。

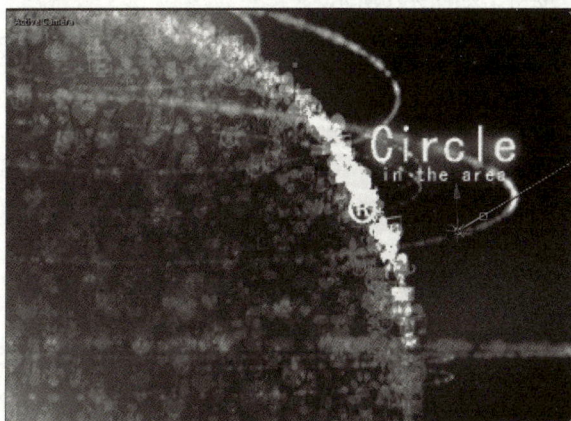

图9-67

STEP 64 下面把制作好的效果渲染输出成特效视频。执行"Composition"→"Add to Render Queue"命令，在时间线面板中将出现渲染面板。双击"Output Module"的"Lossess"参数项，随即可弹出输出模块设置，将格式参数项选择为"Quick Time"格式，单击"OK"按钮，如图9-68和图9-69所示。

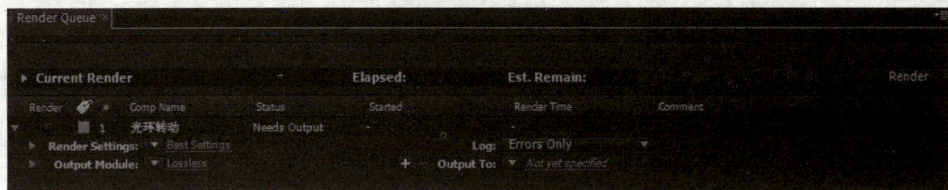

图9-68

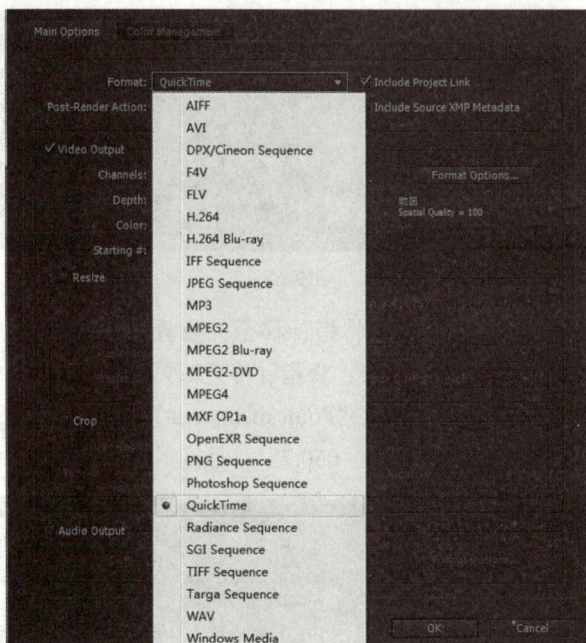

图9-69

STEP 65 单击 "Output To" 的 "光环转动" 参数项，弹出 "Output movie To" 对话框，输入文件名，单击 "保存" 按钮，如图9-70所示。

图9-70

STEP 66 最后，回到渲染面板，单击 "Render" 按钮，等待渲染完成，如图9-71所示。

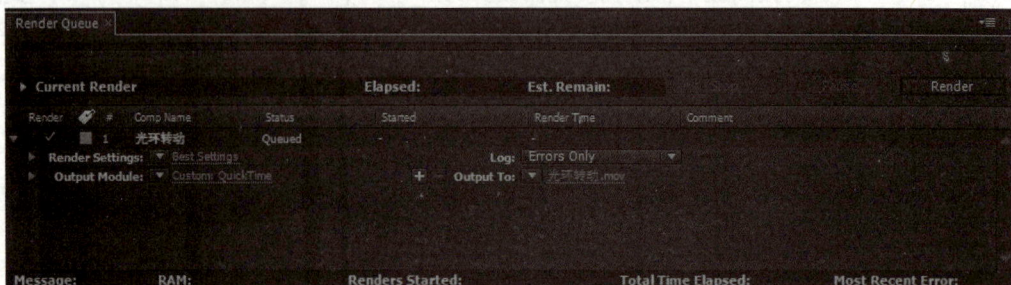

图9-71

AE 知识点拓展

知识点1 Form插件的参数

1. Form插件

Form粒子插件是Trapcode公司发布的基于网格的三维粒子插件，它能够生成复杂的有机图案、复杂的几何学结构和涡线动画。将其他层作为贴图，使用不同参数，可以进行无止境的独特设计。此外，还可以用Form制作音频可视化效果，为您的音频加上惊人的视觉效果。

2. Form插件基本参数

如图9-72所示，Trapcode Form的参数比较多，主要可以分为13项，分别为基础网格设定（Base Form）、粒子（Particle）、阴影（Shading）、快速贴图（Quick Maps）、图层贴图（Layer Maps）、音频驱动设置（Audio React）、发散和扭曲（Disperse and Twist）、分形噪波（Fractal Field）、球形场（Spherical Field）、卡莱多空间（Kaleidospace）、变换（World Transform）、透明度（Visibility）和渲染（Rendering）。

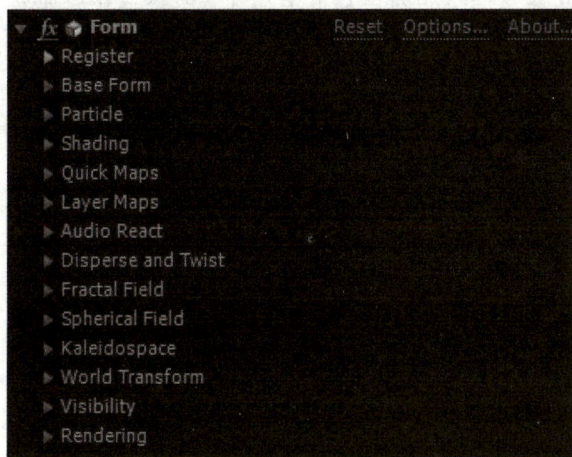

图9-72

参数虽然很多，但在实际应用中，并不是每次都需要对每个参数进行设定，如果单独看每个参数，它们并不是很复杂。

3. Form插件重点参数

（1）Form基础网格设定（Base Form）。

在Base Form选项里，用户将要对网格的类型、大小、位置、旋转、粒子的密度等参数进行设定。这部分参数有点类似于一般粒子软件的发射器的设定。Base Form的类型有三种，分别为网格（Box - Grid），线型（Box - Strings）以及球型（Sphere - Layered）。Size X、Y和Z用于设置网格大小，其中，Size Z和下面的Particles in Z两个参数将一起控制整个网格粒子的密度。Particles in X、Y、Z是指在设定好的范围内X、Y、Z方向上所拥有的粒子数量。Particles in X、Y、Z对Form的最终渲染有很大影响，特别是Particles in Z的数值。Center X、Y、Z和Rotation X、Y、Z指网格的位置和旋转。

值得注意的是,这个地方的位置和旋转与后面将说到的变换(World Transform)里面的Rotation和Offset是有区别的。此时设定的位置和旋转是不影响任何贴图和场的,而变换里面的Rotation和Offset设置会影响整个粒子效果,包括贴图和场。

如果把网格形式设置为线型(Box - Strings),那么String Setting参数就可以设置了。Form的String也是由一个个粒子组成的,所以如果把密度(Density)设置为小于10,则String就会变成一个个点。一般来说,密度的默认值(15)效果就很好了,太大了会增加渲染时间,同时一条线上的粒子数量太多,且粒子之间的叠加方式为Add(在Particles选项里可以设定粒子的叠加方式),那么线条就会变亮。

(2)Form粒子(Particle)。

在这里主要是对粒子的具体形态的参数进行设置和编辑。粒子类型(Particle Type)有八种类型:球形(Sphere)、发光球形(Glow sphere)、星形(Star)、云层形(Cloudlet)、烟雾形(Smokelet)以及三种自定义形式。

球形(Sphere)是一种基本粒子图形,也是默认值,可以设置粒子的羽化值。发光球形(Glow sphere)除了可以设置粒子的羽化值,还可以设置辉光度,这在前面的Setting里提到过。星形(Star)、云层形(Cloudlet)、烟雾形(Smokelet)可以设置旋转值及辉光度。如果设置粒子为自定义,那么可以设定AE里的任一图层为粒子形态。

值得注意的是作为粒子形式的图层如果添加过遮罩或者其他特效,则必须进行预合并(Pre-Compose)或者渲染一下。另外,图层的大小不要太大,100×100像素就比较合适,太大了,Form也会根据情况自动调小,会增加渲染时间。同时一条线上的粒子数量太多,且粒子之间的叠加方式为Add(在Particles选项里可以设定粒子的叠加方式),那么线条就会变亮。大小随机值(Size Random)可以让线条变得粗细不均。随机分布值(Size Rad Distribution)可以让线条粗细效果更为明显。

知识点2 4-Color Gradient

1. 4-Color Gradient插件介绍

4-Color Gradient是AE内置的一个效果,中文名称为"四色渐变",可以用于制作绚丽多彩的背景,操作简单,效果明显。

2. 4-Color Gradient具体参数

如图9-73所示,位置和颜色(Positions & Colors)可以通过改变颜色和中心点的位置来调整效果;混合(Blend)可以通过改变不同颜色之间的混合程度来调整效果;抖动(Jitter)可以通过改变像素的位置来实现噪点效果;不透明度(Opacity)参数可以改变图层的透明度;混合模式(Blending Mode)可以通过改变混合模式来调整画面效果。

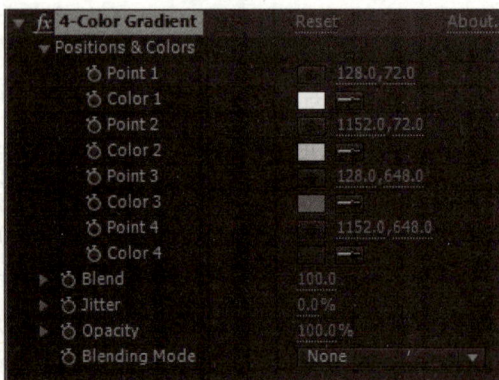

图9-73

AE 独立实践实训

实训2　制作绚丽的粒子扩散效果

🖥 实训背景

利用粒子元素制作自己喜欢的粒子效果，展示自己的创意。

🖥 实训要求

利用Form粒子插件的功能制作一个绚丽的粒子扩散效果，要求尽量层次丰富，效果绚丽，符合形式美要求。

🖥 本实训掌握要点

技术要点：效果创意、镜头合成、层次丰富、构图完整
问题解决：熟悉Form插件的综合运用、利用多个图层来完善效果的细节，丰富层次
应用领域：栏目包装、创意片头
素材来源：无
作品展示：无

🖥 实训分析

主要操作步骤

01

02

03

04

05

06

07

08

09

AE 职业技能考核

一、单选题

1. 如果要改变Form插件中单个粒子的大小，应该在Form插件的（　　）模块下调整参数。

    A. Base Form

    B. Particle

    C. Shading

    D. Rendering

2. 如果要导出视频，应该执行"（　　）"→"Add to Render Queue"命令，将其添加到渲染列队中进行渲染。

    A. Layer

    B. Effect

    C. Composition

    D. Animation

二、多选题

1. 为了改变镜头光晕的颜色，可以为其添加（　　）效果。

    A. Hue/Saturation

    B. CC tones

    C. Tritone

    D. Form

2. 为了给Solid层制作彩色的背景，可以为其添加（　　）效果。

    A. 4-Color Gradient

    B. Ramp

    C. Glow

    D. Form

3. 制作粒子光圈，可以使用（　　）插件。

    A. Form

    B. Particular

    C. CC Particular World

    D. Horizon

三、填空题

1. 选中所有素材层，对其执行"Pre-compose"命令，其快捷键是_____。

2. 在合成面板中，为了更好地观察素材在面板中的显现情况，在面板下方单击_____。

3. 为了给文字添加辉光的效果，应该选中文字层，添加_____。

学习心得

01

02

03

04

05

06

07

08

09